Garten-Vögel

bestimmen leicht gemacht

So bestimmen Sie mit dem Kennfarben-Code:

➤ **Bis Sperlingsgröße**
Seite 12–53

Hier finden Sie kleine Singvögel, z. B. Meisen, Schwalben, Grasmücken, Rotkehlchen, Finken und Sperlinge.

➤ **Bis Amselgröße**
Seite 54–79

Hier finden Sie Vögel von Sperlings- bis Amselgröße, z. B. Lerchen, Drosseln, Gimpel, Steinkauz und kleine Spechte.

➤ **Bis Taubengröße**
Seite 80–93

Hier finden Sie Vögel ab Amselgröße bis zur Größe einer Straßentaube, z. B. Kiebitz, Kuckuck, Dohle oder Ringeltaube.

Im Bestimmungsteil sind die Vögel nach ihrer Größe in fünf Farbgruppen eingeteilt.

➤ Bis Krähengröße
Seite 94–109

Hier finden Sie Vögel bis zur Größe einer Rabenkrähe, wie etwa Möwen, Eichelhäher, Saatkrähe, Blässhuhn und kleine Entenarten.

➤ Größer als Krähe
Seite 110–121

Hier finden Sie Weißstorch und Graureiher ebenso wie Gänse, große Entenarten und Greifvögel.

Längenangaben, gemessen von der Schnabelspitze bis zur Schwanzspitze:

 bis 15 cm

 15 bis 25 cm

 25 bis 35 cm

 35 bis 47 cm

 ab 47 cm

Die faszinierende Welt der Vögel

Vögel finden seit eh und je das besondere Interesse der Menschen. Ihr hübsches Federkleid, der ansprechende Gesang und wohl auch die beneidenswerte Fähigkeit, aus eigener Kraft fliegen zu können, machen sie zu den Lieblingen unter den Tieren.
Das Größenspektrum unserer heimischen Vogelarten reicht von sehr kleinen Arten wie dem Zaunkönig oder auch dem Goldhähnchen, die vom Schnabel bis zur Schwanzspitze noch nicht einmal 10 cm messen, bis hin zu so stattlichen Erscheinungen wie dem Storch oder dem Schwan, die es auf eine Flügelspannweite von über 2 m bringen.

› Der Stieglitz hat ein besonders buntes Gefieder.

Mit Federn geschmückt

Vom Schnabel und den Läufen abgesehen, ist gewöhnlich der ganze Vogelkörper mit einem Federkleid umhüllt. Es gibt ihm seine glatte, kompakte Form, es hält ihn warm, schützt ihn vor Sonnenbrand ebenso wie vor Durchnässung und verleiht ihm nicht zuletzt seine arttypische Gestalt und Färbung. Körpernah enthält es flauschige Dunen, während die Deckschicht aus glatten, meist farbigen Konturfedern besteht.

Saubere Nistkästen

In Vogelnestern finden sich gewöhnlich auch zahlreiche Vogelparasiten wie Milben oder Federläuse. Daher sollten alljährlich im Herbst die alten Nester aus Nistkästen entfernt und die Kästen unbedingt gründlich gereinigt werden, um Parasiten und mögliche Krankheitserreger zu vernichten.

› Einige Körperteile und Gefiederpartien der Vögel tragen spezielle Bezeichnungen.

Gefiederte Nachbarn

Nicht wenige Vögel sind in der unmittelbaren Nachbarschaft des Menschen zu Hause. Baumbestandene, mit Sträuchern und Hecken strukturierte Gärten bieten vielen einen abwechslungsreichen Lebensraum, der mit bereitgestellten Nisthilfen für sie noch attraktiver gestaltet werden kann. Wessen Garten zwischen Feldern oder am Waldrand liegt, wird natürlich auch Waldvögel und typische Arten der Feldflur vor seinem Fenster beobachten können. Aber auch in städtischen Parkanlagen oder auf Friedhöfen leben zahlreiche Vögel, ja sogar mitten in verkehrsreichen Innenstädten. Einige Arten, etwa die Schwalben, der Mauersegler oder der Weißstorch, nutzen die Bauwerke der Menschen als »Brutfelsen« oder sichere Nestunterlage.

Künstliche Nisthilfen

Weil es morsche, hohle Bäume im Siedlungsbereich so gut wie nicht mehr gibt, stellen vor allem für die Höhlenbrüter unter den Garten- und Parkvögeln Nistkästen eine wertvolle Hilfe dar. Modelle aus Holz oder Holzbeton (Plastik ist ungeeignet!), die in Größe und Bauart den Bedürfnissen der jeweiligen Vogelarten angepasst sind, gibt es im Zoofachhandel.

Das Zugverhalten der Vögel

Ihre Fähigkeit zu fliegen hat es den Vögeln ermöglicht, auch nördliche Gebiete zu besiedeln, in denen sie nicht das ganze Jahr über ausreichend Nahrung finden. Über die kalte Jahreszeit können sie

› Der Haussperling bleibt ganzjährig im Brutgebiet.

sich in klimatisch günstigere Regionen begeben.
Manche Zugvögel machen sich einzeln oder in kleinen Trupps auf den Weg, andere fliegen die weiten Strecken bis ins Winterquartier in einem großen Schwarm. Viele nutzen die Nacht für ihre Reise und rasten bei Tag, so etwa die Rotdrossel. Einige Arten ziehen immer nur kürzere Strecken und kommen entsprechend langsam voran, andere absolvieren Tausende von Kilometern fast ohne Rast. Gartengrasmücken z. B. überqueren auf ihrem Zug nach Süden das Mittelmeer und die Sahara im Non-Stop-Flug. Für diese Anstrengung legen sie sich vorher ein Fettpolster zu, das bis zu 30 Prozent des Körpergewichts ausmacht.

Jahresvögel

Als Jahresvogel bezeichnet man eine Vogelart, die das ganze Jahr über in ihrem Brutgebiet zu beobachten ist. Manche Arten, z. B. der Kleiber, bleiben dabei stets in ihrem eigenen Brutrevier, während andere, z. B. die Tannenmeise, mehr oder weniger weit umherstreifen.

Zugvögel

Zugvögel brüten zwar bei uns, weichen über den Winter aber in wärmere Regionen aus. Kurzstreckenzieher begnügen sich damit, in die Mittelmeerregion oder nach Westeuropa zu ziehen, Langstreckenzieher fliegen dagegen bis ins tropische Afrika.

› Der Gartenrotschwanz ist ein Zugvogel.

› Die Amsel ist ein Beispiel für einen Teilzieher.

Teilzieher

Teilzieher nennt man Vögel, von denen ein Teil im Herbst wegzieht, ein anderer Teil hingegen ganzjährig im Brutgebiet bleibt. Oft handelt es sich bei den im Winter hierzulande beobachteten Vögeln um Tiere aus nördlicheren oder nordöstlicheren Brutgebieten, die bei uns überwintern.

› Der Bergfink kommt nur als Wintergast zu uns.

Wintergäste

Als Wintergäste bezeichnet man Vogelarten, die in nördlicheren oder nordöstlicheren Regionen brüten und regelmäßig zum Überwintern zu uns kommen. Solche, die ihre Winterquartiere noch weiter südlich haben, erscheinen hierzulande nur zu den Zugzeiten als Durchzügler.

Winterfütterung

Für viele der bei uns überwinternden Vögel ist eine Zufütterung eine wertvolle Hilfe, die raue Jahreszeit gut zu überstehen. Doch ist darauf zu achten, dass die Futterstellen nur mit einwandfreiem Futter bestückt und regelmäßig gesäubert werden sowie für Katzen unerreichbar sind.

Ein vielstimmiger Vogelchor

Oft wird man durch zwitschernde, krächzende, piepsende, trillernde oder flötende Laute auf einen Vogel aufmerksam, der sich dem Blick noch entzieht. Vielfach sind die Lautäußerungen der Vögel so charakteristisch, dass man allein daran erkennt, welche Art man vor sich hat. Man denke nur an den Kuckuck, den bereits jedes Kind an der Stimme erkennt. Doch kann ein Vogellied auch für Fachleute ein wichtiges Bestimmungsmerkmal sein.

› Der Star – ein Star unter den Vogelsängern

So sehen sich z. B. Weiden- und Sumpfmeise, aber auch Fitis und Zilpzalp so ähnlich, dass sie in der Natur oft nur sicher zu unterscheiden sind, wenn sie singen.

Ein Lied wie eine Fahne

Insbesondere im Frühjahr schmettern die Singvögel ihre Lieder. Auch wenn dies gern als Ausdruck reinster Lebensfreude interpretiert wird, haben die Gesänge doch eine andere Funktion. Sie zeigen den Artgenossen an, wo ein Revier besetzt ist, wie Fahnen, die einst auf Ritterburgen wehten. Der Revierbesitzer warnt mit seinem Gesang jeden Rivalen, sich über die Grenzen vorzuwagen. Zugleich teilt er den Weibchen mit,

Lateinische Namen?

Jede Vogelart hat außer ihrem deutschen auch noch einen lateinischen Namen. Während es im Deutschen oft mehrere, teilweise regional verschiedene Bezeichnungen für ein und denselben Vogel gibt, sind die lateinischen, aus zwei Wörtern bestehenden Namen in der Regel eindeutig und international gültig.

› Die Goldammer singt ihr Lied auch noch in der Mittagshitze.

dass hier ein Partner samt Brutplatz noch zu haben ist.

Je höher, umso besser

Die Vogellieder sind umso weiter vernehmbar, je höher der Sänger sich über die Umgebung erhebt. Daher tragen viele Singvögel ihr Lied vorzugsweise von Baumwipfeln, Masten, Hausgiebeln oder anderen hohen Warten aus vor. Anderen, etwa den Lerchen, ist dies noch nicht hoch genug, und sie lassen ihre Stimme bei einem Singflug ertönen.

Gesang ist nicht alles

Singvögel, zu denen fast die Hälfte aller Vogelarten zählt, sind keineswegs alle begnadete Sänger. So wird wohl kaum jemand das Krächzen der Krähen, die zoologisch zu den Singvögeln gehören, als Wohlklang empfinden. Umgekehrt »singen« auch Vögel, die nicht zu den Singvögeln gerechnet werden. Seiner Funktion nach ist z. B. das »Lachen« eines Grünspechts nichts anderes als Reviergesang.
Während man Vogelgesänge bei uns meist nur vom Spätwinter bis zum Frühsommer hört, lassen sich die verschiedenen Vogelrufe das ganze Jahr über vernehmen. Sie sind meist mit bestimmten Situationen verknüpft und dienen z. B. als Warnung vor Feinden, zur Verständigung mit Artgenossen oder als Unmutsäußerung bei Störungen.

Gartenvögel bestimmen

> Im Jugendkleid ist die Blaumeise noch blasser gefärbt, ihre Wangen sind gelblich, der Scheitel ist grau statt blau.

Blaumeise

Parus caeruleus

AUSSEHEN: 10 – 11 cm große, zierliche Meise mit auffallend blau-gelbem Gefieder, weißen Wangen und winzigem Schnabel.
STIMME: Feine »tsi-tsi-tsi«-Rufe, häufig zu hören; Gesangsstrophen silberhell und klar, wie »tsi-tsi-tsi-sirrrr« klingend.
VORKOMMEN: In ganz Europa mit Ausnahme des hohen Nordens verbreitet, bei uns stellenweise häufiger Brutvogel des Tieflands; ganzjährig auch in Parks und Gärten anzutreffen; im Winter gern an Futterstellen.
NAHRUNG: Kleine Insekten und deren Larven, Spinnen, gelegentlich auch Sämereien und Beeren.
BRUT: Filziges Nest aus Moos, Tierhaaren und Federn in Baumhöhlen, Nistkästen oder Mauerlöchern; weiße, rötlich getupfte Eier; Weibchen brütet allein.

TYPISCH

Im Frühjahr gehört es zum Balzritual der Blaumeisen, dass das Weibchen das Männchen mit zitternden Flügeln um Futter anbettelt, wie es sonst nur die Jungen tun.

Kohlmeise

Parus major

TYPISCH
Der Gesang der Kohlmeise ist bei sonnigem Wetter nicht selten auch im Winterhalbjahr zu hören. Die gewandten Zweigturner leben dann auch häufig in gemischten Meisenschwärmen.

AUSSEHEN: 14 cm groß, am Rücken olivgrün, unterseits gelb mit schwarzem Längsstreif, am Kopf schwarz-weiß.
STIMME: Rufe überaus vielfältig, von einem schnarrenden »tscherr-r-r-r« über »pink« bis zu einem feinen »zizizi«; Gesang aus zwei oder drei Silben, die ständig wiederholt werden: »zi-zi-be zi-zi-be ...« oder »zi-pä zi-pä ...«.
VORKOMMEN: In fast jeder Landschaft mit Bäumen, ganzjährig sehr häufig auch in Parks und Gärten, selbst mitten in der Stadt.
NAHRUNG: Insekten und deren Larven, Spinnen, Sämereien; an Futterstellen vor allem Talg, Nüsse und Sonnenblumenkerne.
BRUT: Nest aus Moos, Halmen, Tier- und Pflanzenhaaren in Baumhöhlen, Nistkästen oder anderen Höhlungen; meist 2 Bruten im Jahr mit 8 – 12 weißen, rötlich gesprenkelten Eiern.

› Ein länglicher, weißer Nackenfleck ist ein sicheres Erkennungsmerkmal der Tannenmeise.

Tannenmeise

Parus ater

AUSSEHEN: Knapp 12 cm groß, Kopf schwarz mit weißen Wangen und weißem Nacken, Oberseite grau, Unterseite beige.
STIMME: Bei der Nahrungssuche häufiges, zartes »zi«, »psit« oder »si si si«; Gesang ein helles »zewi-zewi-zewi…« oder »sitü-sitü-sitü…«, fast das ganze Jahr über zu hören.
VORKOMMEN: In fast ganz Europa verbreitet, in Nadelwald vom Tiefland bis zur Waldgrenze im Gebirge, auch in Parks und Gärten mit Nadelbäumen; Jahresvogel.
NAHRUNG: Insekten, Spinnen sowie Nadelbaumsamen; an Futterstellen nimmt die Tannenmeise gern Nüsse und Talg.
BRUT: Nest aus Moos, Tier- und Pflanzenhaaren in Baumhöhlen, morschen Baumstümpfen, sogar in alten Mauslöchern; 2–3 Bruten im Jahr mit 7–11 weißlichen, rot gesprenkelten Eiern.

TYPISCH

Tannenmeisen turnen bei der Nahrungssuche rastlos und stets etwas hektisch in den Baumspitzen und äußeren Ästen umher.

> Die sehr ähnliche, aber bei uns weniger häufige Weidenmeise *(Parus montanus)* bewohnt eher feuchtere Wälder.

Sumpfmeise

Parus palustris

AUSSEHEN: Etwa 11 cm groß, unscheinbar graubraun mit weißlichen Wangen und scharf abgesetzter, schwarzer Kopfplatte. **STIMME:** Ruf wie heftiges Niesen, etwa »pitschü« oder »psitschä-dä-dä-dä«; Gesang recht eintönig aus langen Serien gleicher Töne wie »tjip-tjip-tjip-tjip-tjip…«. **VORKOMMEN:** In unterholzreichen Laub- und Mischwäldern, oft in der Nähe von Gewässern, auch in Parks und Obstgärten; sehr standorttreuer Jahresvogel, besucht im Winter häufig Futterhäuschen. **NAHRUNG:** Insekten und deren Larven, Spinnen, im Winterhalbjahr Sämereien. **BRUT:** Moosreiches Nest in Baumhöhlen oder Nistkästen; gewöhnlich 1 Brut im Jahr mit 7–9 rötlich getupften Eiern; Nestbau und Brut durch das Weibchen.

TYPISCH

Am besten sind Sumpfmeisen von den sehr ähnlichen Weidenmeisen an ihrer Stimme zu unterscheiden: Weidenmeisen rufen nasal und gedehnt, etwa »zie zie dääh dääh dääh«.

› Gewöhnlich zimmert sich die Haubenmeise ihre Nisthöhle in morschen Baumstämmen selbst.

Haubenmeise

Parus cristatus

AUSSEHEN: Etwa 12 cm große, graubraune Meise mit schwarzweißem Kopfmuster und auffälliger, spitzer Haube.
STIMME: Rufe schnurrend, klingen wie »ürrrrr-r« oder »zi-zigürrrrr«; Gesang aus einer wechselnden Folge gurrender und klingelnder Laute wie »zi'i'i-prülülüll-zi'i'i-prülülüll…«.
VORKOMMEN: Im Tiefland ebenso wie im Gebirge bis hinauf zur Baumgrenze, allerdings streng an Nadelwald gebunden, manchmal auch in waldnahen Gärten; sehr standorttreuer Jahresvogel.
NAHRUNG: Insekten, Larven, Spinnen und andere Kleintiere, kleine Sämereien.
BRUT: Nest aus Moos, Tier- und Pflanzenhaaren sowie Spinnweben, gewöhnlich in selbst gezimmerten Baumhöhlen, selten in Nistkästen; 1 – 2 Bruten im Jahr mit rötlich gefleckten Eiern.

TYPISCH
Bei Jungvögeln ist die markante Haube noch sehr kurz, die typische schwarz-weiße Kopfzeichnung aber schon bald ausgeprägt.

› In das große Kugelnest wird nicht selten auch Zivilisationsmüll wie Kunststoffstücke oder Papierfetzen eingearbeitet.

Schwanzmeise

Aegithalos caudatus

AUSSEHEN: 12 – 14 cm groß, rundlich wirkend mit auffallend langem Schwanz; Männchen wie Weibchen schwarz-weiß-rosa gefärbt, am Kopf graue bis schwarze Streifen bis in den Nacken.
STIMME: Durchdringend hohe, dreisilbige »tsi-si-si«-Rufe; Gesang hingegen fein trillernd und zwitschernd und wenig auffallend.
VORKOMMEN: In fast ganz Europa verbreitet, in Mitteleuropa ganzjährig anzutreffen, Brutvogel des Tieflands; zieht außerhalb der Brutzeit in Trupps umher.
NAHRUNG: Kleine Insekten und Spinnen.
BRUT: Großes, kunstvoll gefügtes Kugelnest aus Moos und Flechten, Pflanzen- und Tierwolle, meist hoch im Gebüsch; Brutzeit von April bis Juni; 8 – 10 weißliche Eier; Weibchen allein brütend.

TYPISCH
Schwanzmeisen mit rein weißem Kopf gehören einer nordöstlichen Unterart an und können hin und wieder auch bei uns, insbesondere in Norddeutschland, beobachtet werden.

> Der Kleiber ist der einzige Vogel der heimischen Vogelwelt, der mit dem Kopf nach unten an Baumstämmen abwärts klettern kann.

Kleiber

Sitta europaea

AUSSEHEN: 14 cm großer, gedrungener, kurzschwänziger Singvogel mit einheitlich blaugrauer Oberseite, blass orangebrauner Unterseite und einem auffallenden schwarzen Augenstrich.
STIMME: Ruf ein schallendes »twit twit twit« oder »tsirrr«, häufig zu hören; Gesang laut und durchdringend, aus einfachen, klaren Flötenstrophen oder Trillern, etwa wie »tüi-tüi-tüi-tüi…«.
VORKOMMEN: Bei uns ein verbreiteter und häufiger Brutvogel, im Tiefland ebenso wie im Gebirge; ganzjährig in Laub- und Mischwäldern ebenso wie in Parks und Gärten; kommt im Winter gern an Futterstellen.
NAHRUNG: Insekten und andere Kleintiere, die meist aus Rindenspalten hervorgeholt werden, Sämereien und Nüsse.
BRUT: Nest in Spechthöhlen oder Nistkästen; weiße, rotbraun gefleckte Eier.

TYPISCH
Um harte Samen oder Nüsse zu öffnen, klemmt der Kleiber sie in Rindenspalten und behämmert sie mit dem Schnabel.

› Der sehr ähnliche Waldbaumläufer *(Certhia familiaris)* bewohnt vor allem ausgedehnte Nadelwälder im Mittel- und Hochgebirge.

Gartenbaumläufer

Certhia brachydactyla

AUSSEHEN: Gut 12 cm großer, schlanker, relativ langschwänziger Singvogel; Gefieder oberseits rindenfarben, unterseits weißlich, Schnabel dunkel, sehr dünn, leicht nach unten gekrümmt.

STIMME: Hohe, laute »srii«-Rufe, bei Beunruhigung ebenso lautstarkes »tüt tüt tüt«; Gesang mit einer ansteigenden Reihe hoher, dünner Pfeiftöne.

VORKOMMEN: Ganzjährig in Laub- und Mischwäldern, ebenso in Parkanlagen und Gärten mit altem Baumbestand.

NAHRUNG: Insekten und deren Larven, die aus der Baumborke gepickt werden.

BRUT: Reisignest in Rindenspalten oder Nistkästen, mit Pflanzenhaaren oder Federn ausgepolstert; 4–7 weiße, rotbraun gefleckte Eier; Weibchen brütet allein.

TYPISCH

Der Gartenbaumläufer klettert bei der Nahrungssuche ruckweise und in Spiralen an Baumstämmen empor. Oben angelangt, fliegt er wieder nach unten, zum Fuß des nächsten Baums, um dort seine Suche fortzusetzen.

Sommergoldhähnchen

Regulus ignicapillus

AUSSEHEN: Mit nur 9 cm der kleinste Vogel Europas (zusammen mit seiner »Schwesterart«, dem Wintergoldhähnchen); Weibchen mit gelbem, Männchen mit eher orangefarbenem, jeweils schwarz eingefasstem Scheitelstreif.

STIMME: Rufe und Gesang sehr hoch und schnell »sisisisi«.

TYPISCH

Gelegentlich sieht man das Sommergoldhähnchen im Rüttelflug vor Zweigspitzen in der Luft »stehen«, wenn es die Zweigoberseiten nach Insekten absucht.

VORKOMMEN: In Mitteleuropa verbreiteter Brutvogel in Nadel- und Mischwäldern, ebenso in Friedhöfen, Parks und Gärten mit Nadelbäumen; zieht zum Überwintern in die Mittelmeerländer.

NAHRUNG: Kleine Insekten und Spinnen.

BRUT: Nest tief napfförmig, gewöhnlich in einer Astgabel; 2 Bruten im Jahr mit jeweils 7–12 fein braun gepunkteten Eiern; Nestbau und Brüten allein Sache des Weibchens.

Wintergoldhähnchen

Regulus regulus

TYPISCH

Dem Wintergoldhähnchen fehlen ein schwarzer Augenstreif und weißer Überaugenstreif, wodurch es sich vom Sommergoldhähnchen unterscheidet.

AUSSEHEN: In Größe und Gestalt wie Sommergoldhähnchen, jedoch weniger farbkräftig; Scheitelstreif beim Weibchen gelb-schwarz, beim Männchen meist mit einigen orangefarbenen Federn.

STIMME: Hohe, dünne »si-si-si«-Rufe; Reviergesang wispernd, aus sehr hohen, auf- und abschwingenden Strophen mit betontem Schlussteil.

VORKOMMEN: In weiten Teilen Europas verbreiteter und häufiger Brutvogel; vorzugsweise in Fichtenwäldern, aber auch in Friedhöfen, Parks und großen Gärten, sofern dort Nadelbäume stehen; bleibt in Mitteleuropa ganzjährig in seinem Brutgebiet.

NAHRUNG: Winzige Insekten und Spinnen.

BRUT: Nest in einer Astgabel oder zwischen Zweigen eines Nadelbaums aufgehängt; 2 Bruten im Jahr mit je 8 – 10 bräunlich gepunkteten Eiern; Nestbau und Brüten durch das Weibchen.

> Der Gesang des Zaunkönigs ist erstaunlich laut und besteht aus einer längeren Folge hoher, klarer Töne.

Zaunkönig

Troglodytes troglodytes

AUSSEHEN: Nur knapp 10 cm großer, lebhafter, rundlich wirkender Singvogel; Gefieder braun mit feiner Bänderung, das kurze Schwänzchen wird meist steil aufgestellt getragen.

STIMME: Bei Erregung ein schnurrendes »zerrrr« oder ein hartes »teck teck teck …«; Gesang schmetternd, lange Strophen mit wiederholten Trillern, auch mitten im Winter zu vernehmen.

VORKOMMEN: Hierzulande ein verbreiteter und häufiger Brutvogel, in unterholzreichen Wäldern ebenso wie Parks und Gärten mit dichtem Buschwerk; überwiegend Standvogel.

NAHRUNG: Kleininsekten sowie deren Larven, Spinnen, kleine Würmer.

BRUT: Kugeliges Moosnest, vom Männchen gebaut; Weibchen bebrütet die 5 – 7 weißen, rötlich gesprenkelten Eier.

TYPISCH

Gewöhnlich sucht der Zaunkönig in Bodennähe nach Nahrung, wobei er oft fast wie eine Maus durchs Gestrüpp huscht. Bei Erregung knickst er heftig.

› Das Weibchen des Kleinspechts hat keinerlei Rot im Gefieder.

Kleinspecht

Dendrocopos minor

AUSSEHEN: Mit 14 – 15 cm kleinster heimischer Specht; Gefieder schwarz-weiß, nur beim Männchen mit roter Scheitelkappe. **STIMME:** Helle Rufreihen wie »ki-ki-ki-ki-ki…« ganzjährig zu hören, besonders häufig aber im Frühjahr; Trommelwirbel jeweils etwa 1 Sekunde lang, von beiden Geschlechtern erzeugt. **VORKOMMEN:** Weit verbreitet, aber nirgends häufig; bewohnt ganzjährig Laub- und Mischwälder, Auen, Obstgärten und Parks mit alten Bäumen; Standvogel. **NAHRUNG:** Im Sommer Insekten, im Winter vor allem unter der Rinde lebende Larven; kommt auch an Futterhäuschen. **BRUT:** Männchen und Weibchen wechseln sich beim Zimmern der Nisthöhle, Bebrüten der 5 – 6 weißen Eier und beim Füttern der Jungen ab.

TYPISCH

Kleinspechte zimmern ihre Nisthöhle mit Vorliebe in abgebrochenen, morschen Laubholzstämmen oder in einem Seitenast, wobei dann das Schlupfloch auf der Unterseite liegt.

Zilpzalp | Weidenlaubsänger

Phylloscopus collybita

AUSSEHEN: 11 cm groß, unscheinbar olivbraun, unterseits heller, mit gelblichem Überaugenstreif und schwärzlichen Beinen. **STIMME:** Ruf ein einsilbiges »huit«, häufig zu hören; Gesang monoton, aus langen, stammelnden Strophen wie »zilp-zalp-zelp-zilp-zalp…«, dazwischen oft ein gedämpftes »trrr trrr«. **VORKOMMEN:** In Mitteleuropa weit verbreiteter Brutvogel in lichten Laub- und Mischwäldern, Flussauen und Feldgehölzen, vielerorts auch in Gärten und Parks recht häufig; nördlich der Alpen Zugvogel, der in den Mittelmeerländern überwintert.

NAHRUNG: Insekten, Spinnen, Beeren.

BRUT: Nest aus trockenen Blättern und Halmen, überdacht mit seitlichem Eingang, in der bodennahen Vegetation; 5–6 bräunlich gepunktete Eier.

TYPISCH

Von seiner »Zwillingsart«, dem Fitis, kann man den Zilpzalp im Freien oft nur an seinem charakteristischen Gesang wirklich sicher unterscheiden.

› Der Waldlaubsänger *(Phylloscopus sibilatrix)*, ein typischer Bewohner des hochstämmigen Buchenwalds, hat eine schwefelgelbe Kehle.

Fitis | Fitislaubsänger

Phylloscopus trochilus

AUSSEHEN: Dem Zilpzalp überaus ähnlich, oft jedoch etwas gelblicher, gelber Überaugenstreif meist deutlicher, Beine hell. **STIMME:** Ruf bei Erregung ähnlich wie der des Zilpzalps, aber deutlich zweisilbig, also »hü-id«; Gesang etwas schwermütig klingend, aus einer abfallenden Reihe weicher Flötentöne. **VORKOMMEN:** Brutvogel Nordeuropas, südwärts nur bis zum Alpenraum; bewohnt lichte Wälder aller Art, Hochmoore, Flussauen, Gärten und Parkanlagen, vorzugsweise mit Birken- oder Weidenbeständen; überwintert im tropischen Afrika. **NAHRUNG:** Insekten, Larven, Spinnen und andere Kleintiere; im Herbst Beeren. **BRUT:** Weibchen baut »Backofennest« am Boden, in hohem Gras oder dichtem Gestrüpp versteckt; bebrütet allein die 4–7 rötlich gesprenkelten Eier.

TYPISCH

Die Flötenstrophe des Fitisgesangs erinnert im Anfangsteil etwas an den Gesang eines Buchfinken, klingt aber viel weicher.

Heckenbraunelle

Prunella modularis

AUSSEHEN: Gut 14 cm groß, im Gefieder ähnlich einem Sperling, aber schlanker als dieser und mit viel dünnerem Schnabel, an Kopf und Unterseite bleigrau.

STIMME: Ruft hoch und etwas heiser »zieh« oder »didi«; Gesang hell zwitschernd, leicht auf- und absteigend, an eine quietschende Tür erinnernd, wird bereits ab März vorgetragen.

VORKOMMEN: In unterholzreichem Misch- und Nadelwald, aber auch in gestrüppreichen Parks und Gärten häufig, doch recht versteckt lebend; in Mitteleuropa Jahresvogel.

NAHRUNG: Insekten, Spinnen; im Herbst und Winter Sämereien und Beeren.

BRUT: Nest napfförmig, aus Halmen und viel Moos, in dichtem Gestrüpp, oft knapp über dem Boden; 2 Bruten im Jahr mit je 4–5 türkisfarbenen Eiern.

TYPISCH

Die unscheinbare Heckenbraunelle hüpft am Boden in einer geduckten Haltung. Ihr meist niedriger Flug wirkt huschend.

› Zur Paarungszeit singt der Gelbspötter nahezu den ganzen Tag, während er rastlos durchs Gezweig hüpft.

Gelbspötter

Hippolais icterina

AUSSEHEN: 13 cm groß, sehr schlank, auf der Oberseite olivgrau, auf der Unterseite mehr oder weniger deutlich gelblich.
STIMME: Bei Beunruhigung ein schmatzendes »tz tz tz«, ansonsten ein dreisilbiges »de-de-roid« oder ein viersilbiges »dje-dje-dje-lü«; Gesang ab Mai, laut, sehr abwechslungsreich.
VORKOMMEN: In Mitteleuropa weit verbreiteter Brutvogel des Tieflands, in lichten Laub- und Auwäldern, Gärten und Parkanlagen; überwintert im tropischen Afrika.
NAHRUNG: Insekten, Larven, Spinnen und andere Kleintiere; im Herbst Beeren.
BRUT: Nest tief napfförmig, typischerweise in einer Astgabel verankert; 4–6 Eier in kräftigem Rosa mit spärlichen schwarzen Flecken. Am Nestbau ebenso wie am Brüten und an der Jungenaufzucht sind beide Partner beteiligt.

TYPISCH

Zwischen seine Gesangsstrophen schiebt der Gelbspötter häufig Imitationen anderer Vogelstimmen ein, daher der Name Spötter.

› Das Weibchen der Mönchsgrasmücke trägt eine rotbraune Kopfkappe.

Mönchsgrasmücke

Sylvia atricapilla

AUSSEHEN: Etwa 14 cm großer, schlanker Singvogel mit unscheinbar graubraunem Gefieder; Männchen mit schwarzer, Weibchen und Jungvögel mit rotbrauner Kopfkappe.

STIMME: Bei Beunruhigung harte »täck täck«-Rufe, bei stärkerer Erregung lautes Zetern; Gesang wohlklingend, anfangs schwätzend-zwitschernd, dann mit vollen, klaren Flötentönen.

VORKOMMEN: Bei uns fast überall häufig, in Wäldern mit reichlich Unterwuchs, ebenso in gebüschreichen Parks und Gärten; überwintert in Westeuropa oder im Mittelmeerraum.

NAHRUNG: Insekten und deren Larven, Spinnen; im Herbst auch Beeren.

BRUT: Nest flach, locker gefügt, niedrig im Gebüsch; oft 2 Bruten im Jahr mit je 4–6 bräunlichen, dunkel gefleckten Eiern.

TYPISCH

Das Weibchen könnte man mit der Dorngrasmücke (s. S. 30) verwechseln. Sie hat, anders als die Mönchsgrasmücke, weiße Schwanzaußenkanten.

Gartengrasmücke

Sylvia borin

TYPISCH

Den versteckt lebenden Vogel sieht man meist nicht einmal, wenn man ihn hört, denn er trägt sein Lied gewöhnlich aus der Deckung des Laubwerks heraus vor.

AUSSEHEN: Etwa 14 cm groß, schlank, unscheinbar, oberseits einheitlich graubraun, unterseits etwas heller.

STIMME: Ruf ein heiseres »wäd-wäd-wäd«, bei Gefahr ein wiederholtes, hartes »tscheck«; Gesang laut, melodisch, aus langen, volltönenden Flötenstrophen.

VORKOMMEN: In unterholzreichen Wäldern, gebüschreichen Parks und verwilderten Gärten; bei uns nur von Mai bis September, zieht zum Überwintern nach Afrika.

NAHRUNG: Insekten und deren Larven, Spinnen und andere Kleintiere; im Herbst auch viele Beeren.

BRUT: Locker gefügtes Nest im dichten Unterwuchs, meist niedriger als 1 m über dem Boden; gewöhnlich nur 1 Brut im Jahr mit 4–6 weißlichen Eiern mit hellbraunen Flecken; beide Geschlechter am Brüten und der Jungenaufzucht beteiligt.

> Auf das Männchen wird man leicht aufmerksam, wenn es von einer erhöhten Warte steil nach oben zu einem kurzen Singflug startet.

Dorngrasmücke

Sylvia communis

AUSSEHEN: Etwa 14 cm groß, schlank, mit rostbraunen Flügeln, weißen Schwanzaußenrändern und weißlicher Kehle; Männchen mit grauem Oberkopf, Brust und Flanken leicht rosa getönt; Weibchen und Jungvögel insgesamt bräunlicher gefärbt.

STIMME: Nasales »woid-woid…« oder schmatzendes »tze«; Gesang ein kurzes, raues Geplauder in kratzenden Tönen.

VORKOMMEN: In offenen Landschaften sowie in Parks und Gärten mit Dornensträuchern; bei uns ein Sommervogel, überwintert im tropischen Afrika.

NAHRUNG: Insekten und deren Larven, Spinnen; im Herbst auch Beeren.

BRUT: Nest meist niedrig in dornigem Gebüsch; 2 Bruten im Jahr mit 4 – 5 hellgrauen, fein gepunkteten Eiern.

TYPISCH

Die rostbraune Flügelzeichnung und die hellen Beine der Dorngrasmücke sind die deutlichsten Unterscheidungsmerkmale zur ansonsten sehr ähnlichen Klappergrasmücke.

Klappergrasmücke | Zaungrasmücke

Sylvia curruca

AUSSEHEN: Knapp 14 cm groß, oberseits grauer, unterseits etwas heller als die Dorngrasmücke, Beine schwärzlich.
STIMME: Bei Beunruhigung ein scharfes, schmatzendes »tack« oder »tjäck«; Gesang anfänglich ein leises, raues Zwitschern, dem lautes, monotones, hölzern anmutendes Klappern folgt.
VORKOMMEN: Verbreiteter Brutvogel vom Tiefland bis hinauf zur Baumgrenze des Hochgebirges, auch in Gärten, Parks, Friedhöfen und Obstgärten; bei uns von April bis Oktober, überwintert im tropischen Afrika.
NAHRUNG: Insekten und deren Larven sowie Spinnen; im Herbst auch Beeren.
BRUT: Flaches, locker gefügtes Nest in Hecken und Gebüsch; 4–6 Eier, die spärlich, aber oft mehrfarbig gesprenkelt sind; beide Partner brüten.

TYPISCH

Die Klappergrasmücke lebt versteckter als die Dorngrasmücke. Sie vollführt keine Singflüge, sondern singt meist aus der Deckung des Geästs heraus.

> Der ähnliche Bergpieper *(Anthus spinoletta)* brütet auf Matten und Almwiesen der Alpen und hohen Mittelgebirge.

Baumpieper

Anthus trivialis

AUSSEHEN: 15 cm großer, schlanker Singvogel mit unauffälligem, braun gesprenkeltem Gefieder; Unterseite rahmfarben bis gelblich braun, auf der Brust dunkel gestrichelt.

STIMME: Ruf ein hohes, heiseres »psieh« oder, warnend, »zipp zipp«; Gesang melodisch, erinnert an das Lied eines Kanarienvogels.

VORKOMMEN: In Mitteleuropa verbreiteter Brutvogel in offenem Gelände mit Baumgruppen, an Waldrändern und in Parks; Zugvogel, überwintert in Afrika.

NAHRUNG: Insekten und deren Larven, auch Spinnen und andere Kleintiere, die vom Boden aufgepickt werden.

BRUT: Nest am Boden, meist unter hohen Grasbüscheln; meist 2 Bruten im Jahr mit 4–6 Eiern, die dicht gefleckt sind.

TYPISCH

Bei ihren Singflügen flattern Baumpieper von einer hohen Sitzwarte aus steil empor und lassen sich dann mit ausgebreiteten Flügeln und aufgestelltem Schwanz singend wieder herabgleiten.

› Ein Wiesenpieper, der von einem Baum aus singt, ist ein ungewöhnlicher Anblick. Meist lässt er seinen Reviergesang im Fliegen hören.

Wiesenpieper

Anthus pratensis

AUSSEHEN: Knapp 15 cm groß, ähnelt dem Baumpieper, aber Oberseite mehr grau- bis olivbraun, Beine bräunlich.
STIMME: Im Auffliegen und im Flug oft ein feines, helles »ist-ist«; Gesang aus einer langen, eintönigen Strophe hoher, dünner Tonreihen, eingeleitet von einem schnellen »dip-dip-dip…«.
VORKOMMEN: Auf feuchten Wiesen, Weiden, Mooren und Heiden; im Norddeutschen Tiefland verbreiteter und häufiger Brutvogel, weiter im Süden gebietsweise selten; überwintert teils im Mittelmeerraum, teils bei uns.
NAHRUNG: Fast nur Insekten und Spinnen, die vom Boden aufgelesen werden.
BRUT: Nest am Boden, gut in der Vegetation versteckt; 4–6 sehr dicht gefleckte Eier, vom Weibchen allein bebrütet.

TYPISCH

Vom sehr ähnlichen Baumpieper ist der Wiesenpieper am besten durch seine Stimme zu unterscheiden. Außerdem startet er seine Singflüge meist vom Boden aus.

Trauerschnäpper

Ficedula hypoleuca

AUSSEHEN: 13 cm groß; im größten Teil Europas Männchen wie Weibchen graubraun und weiß, im Frühjahr mit weißem Stirnfleck; in den Alpen, in Nordeuropa und Großbritannien hingegen Männchen im Prachtkleid kontrastreich schwarz-weiß.
STIMME: Häufigster Ruf ein knappes, klares »bitt«, als Warnruf ein scharfes »tzeck«; Gesang etwas wehmütig klingend, besteht im Wesentlichen aus Reihen auf- und absteigender Töne.

VORKOMMEN: Gebietsweise recht häufig, brütet in hochstämmigen Wäldern sowie in Parks und Gärten mit alten Bäumen; Zugvogel, überwintert im tropischen Afrika.
NAHRUNG: Insekten; im Herbst Beeren.
BRUT: Nest in Baumhöhlen, gern auch in Nistkästen; Eier blass türkisfarben, werden allein vom Weibchen bebrütet.

TYPISCH

Insbesondere nach dem Landen zeigt der Trauerschnäpper wie auch der Grauschnäpper ein charakteristisches Flügelzucken.

> Weibchen des Zwergschnäppers *(Ficedula parva)* ähneln dem Grauschnäpper, Männchen zeigen einen orangeroten Kehlfleck.

Grauschnäpper

Muscicapa striata

AUSSEHEN: 14 cm groß, schlank, unscheinbar graubraun, Brust und Scheitel mit dunkler Strichelung; Jungvögel oberseits hell gesprenkelt, an der Brust dunkel meliert.
STIMME: Scharfes »pst« oder feines »ziieh«, bei Gefahr hektisches »tektektek«; Gesang unauffällig, aus zirpenden Lauten.
VORKOMMEN: Brutvogel in fast ganz Europa, bewohnt Waldränder und Lichtungen, Parks und große Gärten; Zugvogel mit Winterquartier im tropischen bis südlichen Afrika.
NAHRUNG: Fliegende Insekten.
BRUT: Locker gefügtes Nest aus Moos, Tierhaaren und Federn in Halbhöhlen an Bäumen oder Mauern, oft auch auf Dachbalken; 1–2 Bruten im Jahr mit 5–7 blassgrünen, hellbraun gefleckten Eiern, vom Weibchen allein bebrütet.

TYPISCH

Der Grauschnäpper jagt von einer Sitzwarte aus nach vorüberfliegenden Insekten, die er im Flug mit hörbarem Schnabelklappen erhascht.

› Das Baumaterial für ihr kunstvoll gemauertes Nest holt die Mehlschwalbe gern aus Regenpfützen.

Mehlschwalbe

Delichon urbica

AUSSEHEN: Gut 12 cm großer Singvogel; Oberseite blauschwarz schillernd, Unterseite und Bürzel rein weiß, Schwanz gegabelt.
STIMME: Leise Rufe wie »trr trr«, »dschrb« oder »brüd«, Warnruf hoch und durchdringend »zier«; Gesang mit kurzen, schwatzenden Strophen.
VORKOMMEN: In ganz Europa mit Ausnahme von Island, brütet im Siedlungsbereich des Menschen, vorwiegend in Dörfern und am Stadtrand; Zugvogel, überwintert in Afrika südlich der Sahara.
NAHRUNG: Kleine, fliegende Insekten, die im Flug gefangen werden.
BRUT: Lehmnester in Kolonien an Gebäuden; 2 – 3 Bruten im Jahr mit je 3 – 5 weißen Eiern; Nestbau, Brüten und Jungenaufzucht durch beide Elternvögel.

TYPISCH

Das aus Lehmklümpchen gebaute Nest hat die Form einer Viertelkugel mit einem halbrunden Einschlupfloch. Es liegt stets an der Außenwand von Gebäuden unter Dach- oder Mauervorsprüngen.

> Im Herbst schließen sich die geselligen Vögel oft zu großen Schwärmen zusammen, um im Schilf zu übernachten.

Rauchschwalbe

Hirundo rustica

AUSSEHEN: In der Größe etwa wie die Mehlschwalbe, aber mit 2 langen Schwanzspießen; auf der Unterseite weiß, oberseits blauschwarz schillernd, Stirn, Kinn und Kehle kräftig rotbraun.

STIMME: Ruft häufig »witt witt« oder »dschäd dschäd«, Warnruf ein scharfes »ziwitt ziwitt«; Gesang aus anhaltenden Zwitscherstrophen mit knirschenden Motiven und einem Schnurren am Ende.

VORKOMMEN: In fast ganz Europa, brütet in Dörfern oder an Einzelgehöften, gelegentlich auch am Stadtrand; Zugvogel, überwintert in Afrika.

NAHRUNG: Kleine Insekten, die ausschließlich im Flug erhascht werden.

BRUT: Lehmnest in Gebäuden; 2 Bruten im Jahr, Eier weiß mit rötlichen Punkten.

TYPISCH

Das Nest der Rauchschwalbe liegt immer innen in Gebäuden, häufig in Viehställen oder Scheunen. Es ist ein oben offener Napf aus Lehm und Gras, von dem oft lange, eingemörtelte Halme herabhängen.

Gartenrotschwanz

Phoenicurus phoenicurus

AUSSEHEN: 14 cm groß; Männchen am Rücken schiefergrau, im Gesicht schwarz, an Brust, Bürzel und Schwanz kräftig rostrot; Weibchen unscheinbar braun, nur an Bürzel und Schwanz rot.
STIMME: Bei Beunruhigung hartes »huid-teck-teck«; Gesang in kurzen Strophen, die in oder sogar schon vor der Morgendämmerung vorgetragen werden, mit einem gezogenen Pfeifton beginnend, sodann schnelle, abfallende, melodische und raue Töne.
VORKOMMEN: In lichten Wäldern, bäuerlichen Obstgärten sowie städtischen Parks und Gärten weit verbreitet; Zugvogel, überwintert in Zentralafrika.
NAHRUNG: Insekten, Spinnen, Beeren.
BRUT: Nest in Baumhöhlen, Mauernischen oder Nistkästen; meist 2 Bruten im Jahr, Eier blass türkisfarben.

TYPISCH
Wie der Hausrotschwanz zeigt auch der Gartenrotschwanz im Sitzen ein sehr charakteristisches Knicksen und Schwanzwippen.

› Junge Hausrotschwänze zeigen schon im ersten Federkleid die charakteristische rote Schwanzfärbung.

Hausrotschwanz

Phoenicurus ochruros

AUSSEHEN: 14 cm groß, an Schwanz und Bürzel rostrot; Männchen ansonsten aschgrau und schwarz, mit weißem Flügelfleck; Weibchen schlicht dunkel graubraun, ohne Weiß im Flügel.
STIMME: Ruft hart und schnell »huid-teck-teck« oder sehr schnell und tonlos »teckteckteck«; Gesang aus kurzen Strophen, am Anfang und Ende mit hellem Pfeifen, dazwischen mit kratzenden Lauten, ertönt bereits in der frühen Morgendämmerung.
VORKOMMEN: Ursprünglich ein Felsbewohner des Hochgebirges, als Kulturfolger heute auch in Städten und Dörfern des Tieflands weit verbreitet und häufig; Zugvogel, überwintert in Westeuropa oder im Mittelmeerraum.
NAHRUNG: Insekten, Spinnen, Beeren.
BRUT: Nest meist in Mauer- und Dachnischen; 2 Bruten im Jahr, Eier weiß.

TYPISCH

Im Vergleich ist das Weibchen des Hausrotschwanzes insgesamt deutlich dunkler als das des Gartenrotschwanzes.

Rotkehlchen

Erithacus rubecula

AUSSEHEN: Etwa 14 cm großer, rundlich wirkender Singvogel mit rotem Kehllatz, der auch das Gesicht mit einschließt.
STIMME: Ruft scharf »zick«, bei Gefahr schnelles Schnickern wie »zickickick …«; Gesang mit langen Strophen aus hellen, herabperlenden Tönen und Trillern, oft bis zur späten Dämmerung.
VORKOMMEN: In unterholzreichen Wäldern und Feldgehölzen, Parks und Gärten, selbst mitten in Großstädten; überwintert im Mittelmeerraum, bleibt in Siedlungsgebieten, wo Futterstellen angeboten werden, aber auch oft im Winter bei uns.
NAHRUNG: Insekten, Larven, Spinnen, Würmer; im Herbst und Winter Beeren.
BRUT: Napfförmiges Nest aus Halmen, Blättern und Moos in bodennahen Verstecken; meist 2 Bruten im Jahr, 5 – 7 gefleckte Eier, vom Weibchen bebrütet.

TYPISCH
Rotkehlchen halten sich bei ihrer Nahrungssuche oft am Boden auf. Dabei knicksen sie häufig und stellen den Schwanz hoch.

> In Skandinavien, Nordosteuropa und lokal auch in den Alpen tragen Blaukehlchen einen roten Fleck in ihrem blauen Kehllatz.

Blaukehlchen

Luscinia svecica

AUSSEHEN: Gleicht in Größe und Gestalt dem Rotkehlchen; Männchen im Prachtkleid mit leuchtend blauer Kehle mit weißem »Stern«, im Schlichtkleid nur schmales, blaues Brustband; Weibchen ganzjährig mit einem weißlichen Latz ohne Blau.
STIMME: Ruft hart »tack« oder pfeifend »hüit«; Gesang aus hastigen, zirpenden, schnurrenden Strophen, die mit Pfeiftönen und Imitationen anderer Vogelstimmen durchmischt sind.
VORKOMMEN: In Deutschland als Brutvogel nur in den Alpen und an sehr wenigen Stellen im Tiefland; in Feuchtgebieten, an schilfbestandenen Ufern und Gräben, selten in gewässernahen Gärten.
NAHRUNG: Insekten und Spinnen.
BRUT: Nest in dichter Vegetation am Boden; Eier farblich variabel, von graugrün bis rostfarben; beide Elternvögel brüten.

TYPISCH

Das Blaukehlchen stellt oft den Schwanz ruckartig auf und fächert ihn dabei. Dann ist die rostrote Schwanzbasis zu erkennen.

Feldsperling

Passer montanus

AUSSEHEN: Mit 14 cm etwas kleiner als der Haussperling, mit schokoladenbraunem Oberkopf und schwarzem Wangenfleck. **STIMME:** Ruft wie »zwi-tek-tek-tek« oder »tschik-tschik-tschok«; als »Gesang« ein rhythmisches, hartes Tschilpen. **VORKOMMEN:** Mit Ausnahme des hohen Nordens in fast ganz Europa häufig; als Kulturfolger in offenen Kulturlandschaften, Dörfern, Gärten, Obstgärten und Parks, doch nur selten in Großstädten; in Mitteleuropa Jahresvogel. **NAHRUNG:** Samen, Knospen und Früchte, auch Insekten. **BRUT:** Kugeliges Nest aus Halmen, Stängeln und Federn in Baumhöhlen, Mauerlöchern oder Nistkästen; 2–3 Bruten im Jahr mit je 4–6 beigefarbenen, dunkel gemusterten Eiern; Männchen und Weibchen wechseln sich beim Brüten ab.

TYPISCH

Am braunen Oberkopf lässt sich der Feldsperling leicht vom Haussperling unterscheiden, der eine graue Scheitelkappe trägt.

› Dem unscheinbar braunen Weibchen des Haussperlings fehlt das kontrastreiche Kopfmuster des Männchens.

Haussperling | Spatz

Passer domesticus

AUSSEHEN: Etwa 15 cm großer Singvogel mit dickem Schnabel; Männchen mit grauer Scheitelkappe, weißlichen Wangen und heller Flügelbinde, am Rücken rotbraun; Weibchen braun.
STIMME: Ruft häufig »tsched-tsched«, zetert bei einer Störung laut und durchdringend. Das bekannte rhythmische, sperlingstypische Tschilpen stellt den Reviergesang des Männchens dar.
VORKOMMEN: Fast überall in Europa, wo Menschen leben, zumeist in kleinen Trupps; Jahresvogel.
NAHRUNG: Samen von Wildpflanzen, Insekten und deren Larven, Früchte, Beeren, Getreide und Abfälle.
BRUT: Kugeliges Nest aus Gras, Zweigen, Papier und anderem Zivilisationsmüll, z. B. in Mauerlöchern, unter Dachziegeln oder in Nistkästen; 2 – 3 Bruten im Jahr, Eier beige mit dunklem Muster.

TYPISCH

Bis die jungen Männchen im August oder September ihr Jugendkleid verlieren, gleichen sie den Weibchen.

Goldammer

Emberiza citrinella

AUSSEHEN: Gut 15 cm groß, relativ langschwänzig, mit zimtbraunem Bürzel und weißen Schwanzkanten; Männchen vor allem zur Brutzeit an Kopf und Brust leuchtend kanariengelb.
STIMME: Rufe wie »zrik«, »tzü« oder »zürr«; Gesangsstrophen einfach, melancholisch wirkend, aus einer Reihe gleich hoher Töne mit gedehntem Schlusston, etwa »zi-zi-zi-zi-zi-düüh«.
VORKOMMEN: Ganzjährig in kleinräumiger Feldflur mit Gehölzen und Hecken, am Rand von Dörfern, in offenen Parks und in Gärten am Siedlungsrand.
NAHRUNG: Sämereien und grüne Pflanzenteile, im Sommer auch Insekten.
BRUT: Napfförmiges Nest aus Stängeln, Blättern und Moos in bodennahem Gebüsch; 2 Bruten im Jahr mit jeweils 3–5 grau oder dunkelrot gestrichelten Eiern.

TYPISCH

Wenn eine Goldammer beim Auffliegen den Schwanz fächert, fallen ihre leuchtend weißen Federn an den äußeren Schwanzkanten auf.

Rohrammer

Emberiza schoeniclus

TYPISCH
Rohrammern zucken im Sitzen häufig mit dem Schwanz, wobei dann dessen weiße Ränder deutlich zu sehen sind.

AUSSEHEN: 15 cm groß; Männchen im Prachtkleid mit schwarzem Kopf, weißem Halsband und weißen Bartstreifen, nach der Herbstmauser dem sperlingsbraunen Weibchen recht ähnlich.
STIMME: Häufigster Ruf ein scharfes, abwärts gezogenes »zieh«, daneben auch Tschilpen; Reviergesang des Männchens aus kurzen, stammelnden Strophen wie »zje zje zje tui zirri«, oft von einem Schilfhalm aus vorgetragen.
VORKOMMEN: In Verlandungszonen von Teichen und Seen, an Flussufern, manchmal in gewässernahen Gärten; in Mitteleuropa großteils Zugvogel, der im Mittelmeerraum überwintert.
NAHRUNG: Samen, vorzugsweise von Gräsern; im Sommer auch vielfach Insekten und andere Kleintiere.
BRUT: Nest meist am Boden in hohen Grasbüscheln; 2 Bruten im Jahr, Eier blasslila oder bräunlich mit dunklen Klecksen.

› Abgesehen von weißen Flügelabzeichen ist das Weibchen des Buchfinken unscheinbar gefärbt.

Buchfink

Fringilla coelebs

AUSSEHEN: Etwa 15 cm groß, Männchen und Weibchen mit doppelter weißer Flügelbinde; Männchen im Frühjahr mit graublauer Kopfkappe, rötlicher Brust und olivgrünem Bürzel.

STIMME: Bei Beunruhigung knappes »pink«, im Flug kurzes »jüb«; schmetternder Gesang (»Finkenschlag«) aus vielfach wiederholter, abfallender Tonreihe.

VORKOMMEN: Beinahe überall, wo es Bäume gibt, auch in Parks und Gärten, selbst mitten in der Großstadt; Männchen ganzjährig bei uns, Weibchen überwintern in West- oder Südeuropa.

NAHRUNG: Samen und Früchte, Beeren und Getreide; in der Brutzeit Insekten.

BRUT: Kunstvolles Napfnest, meist auf einem Baum; zumeist 2 Bruten im Jahr, Eier hellblau, rötlich braun gefleckt.

TYPISCH

Bei der Nahrungssuche am Boden tippeln Buchfinken mit ruckartigen Bewegungen hin und her. In der Luft sind sie unschwer an ihrem Flugruf »jüb« zu erkennen.

> Das Weibchen des Bergfinken ist viel schlichter gefärbt als das Männchen. Sein graubrauner Kopf trägt einen hellen Nackenfleck.

Bergfink

Fringilla montifringilla

AUSSEHEN: In Größe und Gestalt wie der Buchfink, doch an Brust und Schultern orangebraun, am Bürzel weiß; im Frühjahr Männchen mit glänzend schwarzem Kopf und Rücken.
STIMME: Ruft charakteristisch quäkend »quäi«, beim Fliegen härter und kürzer als der Buchfink »jäk« oder »jüp«.
VORKOMMEN: Brütet in Nordeuropa; bei uns nur Durchzügler und Wintergast, etwa von Oktober bis April in Buchenwäldern, auf Feldern und Schuttplätzen, in Parks und Gärten.
NAHRUNG: Sämereien, vor allem Bucheckern, im Frühjahr auch Knospen; im Sommer Insekten und andere Kleintiere.
BRUT: Nest aus Moos, Halmen, Flechten und Federn, meist hoch in einer Birke oder einem Nadelbaum; Eier zart hellblau mit rötlicher Fleckung.

TYPISCH

Im Unterschied zum Buchfinken haben Bergfinken einen leuchtend weißen Bürzel, der besonders beim abfliegenden oder landenden Vogel auffällt.

Stieglitz | Distelfink

Carduelis carduelis

AUSSEHEN: Der etwa 14 cm große, bunte Singvogel ist dank seiner auffälligen Gefiederfärbung kaum zu verwechseln.
STIMME: Sehr häufig ein hell klingelndes »stigelitt« oder »didlitt«, Alarmruf ein gezogenes »wäii«, im Streit mit Artgenossen schnarrende »tschrrr«-Rufe; Gesang aus lebhaft zwitschernden Strophen, in die einzelne Rufe eingestreut werden.
VORKOMMEN: In fast ganz Europa verbreitet, brütet an Waldrändern, in Heckenlandschaften, Obstgärten und Parks; im Herbst und Winter in Trupps umherstreifend.
NAHRUNG: Vorwiegend Samen, im Frühjahr auch Knospen, im Sommer Insekten.
BRUT: Dickwandiges Napfnest, meist hoch in Bäumen oder hohen Sträuchern; oft 2 Bruten im Jahr, Eier rötlich gemustert, vom Weibchen allein bebrütet.

TYPISCH
Einen fiegenden Stieglitz erkennt man schon von weitem an den breiten gelben Streifen auf seinen schwarzen Flügeln.

› Der weniger gestrichelte, graunackige Zitronengirlitz *(Serinus citrinella)* kommt in lichten Bergwäldern oberhalb von 1400 m vor.

Girlitz

Serinus serinus

AUSSEHEN: Nur 11 cm großer, grau-gelber Singvogel mit leuchtend gelbem Bürzel; Männchen zudem an Brust und Kopf kanariengelb, Weibchen überwiegend graubraun gestrichelt.
STIMME: Hoher, trillernder Flugruf wie »girlitt«; Gesang hell, klirrend, im Singflug oder von hoher Warte aus vorgetragen.
VORKOMMEN: In Mitteleuropa weit verbreitet, aber nicht häufig; in lichtem Wald, vor allem aber im Siedlungsbereich, d. h. in Parks und Gärten, Friedhöfen, Weinbergen und Obstgärten; überwintert größtenteils in Südeuropa.
NAHRUNG: Kleine, weiche Samen; im Sommer auch Insekten.
BRUT: Sorgfältig gefügtes Napfnest, meist in Büschen; 2 Bruten im Jahr, Eier grünlich oder bläulich mit rötlichen Flecken.

TYPISCH

Im Frühjahr machen die Girlitzmännchen mit gaukelnden Singflügen auf sich aufmerksam, die durch weit ausholende Flügelschläge fledermausartig wirken.

> Beim eher graugrünen Weibchen sind die gelben Abzeichen an Flügeln und Schwanz kleiner und schwächer als beim Männchen.

Grünfink | Grünling

Carduelis chloris

AUSSEHEN: Gut 14 cm groß, mit charakteristischen gelben Abzeichen an Flügeln und Schwanz; Männchen im Prachtkleid auffällig gelbgrün, im Herbst/Winter ähnlich dem Weibchen.
STIMME: Beim Abfliegen oft ein klingelndes »gügügü«, bei Beunruhigung ein gedehntes »dschuie«; Gesang wohlklingend und abwechslungsreich, mit kanarienvogelartigen Trillern, klingelnden Motiven und Pfeiflauten.
VORKOMMEN: In Wäldern und Feldgehölzen, in Kulturlandschaften mit Hecken und Obstgärten, ebenso in Parks und Gärten der Städte; fast überall häufig; Teilzieher, viele bei uns überwinternd.
NAHRUNG: Samen, Knospen, Beeren.
BRUT: Großes Nest aus Zweigen und Moos, meist nicht sehr hoch im Geäst; 2–3 Bruten im Jahr, Eier braun gefleckt.

TYPISCH

Das Weibchen des Grünfinken kann man leicht mit dem des Haussperlings (s. S. 43) verwechseln, das aber keinerlei Gelb im Gefieder hat.

› Das graugrüne Weibchen trägt auf seiner hellen Brust eine deutliche Strichelung.

Erlenzeisig | Zeisig

Carduelis spinus

AUSSEHEN: 12 cm großer, grünlich gelber Singvogel; beide Geschlechter mit schwarz-gelbem Flügelmuster (vor allem im Flug zu sehen); Männchen mit schwarzer Scheitelkappe.
STIMME: Im Flug fast ständig »diäh« oder »tüli« (auf der ersten Silbe betont); Gesang aus eiligen Zwitscherstrophen, stets mit einem gedehnten Quetschlaut endend.
VORKOMMEN: In Mitteleuropa vorwiegend in Bergwäldern der Mittelgebirge und Alpen; hier Jahresvogel; dazu im Norddeutschen Tiefland oft Durchzügler und Wintergäste aus dem Norden.
NAHRUNG: Samen von Bäumen und Kräutern; im Sommer auch Insekten.
BRUT: Nest meist hoch in einem Nadelbaum; 2 Bruten im Jahr, Eier zart hellblau mit feinen rötlichen Sprenkeln.

TYPISCH
Vom Girlitz (s. S. 49) ist der Erlenzeisig durch das Fehlen des gelben Bürzels sowie durch die gelbe Schwanzzeichnung des Männchens zu unterscheiden.

> Das eher graubraun gefärbte Weibchen des Birkenzeisigs hat weder im Sommer noch im Winter eine rote Brust.

Birkenzeisig | Birkenhänfling

Carduelis flammea

AUSSEHEN: Gut 12 cm groß, mit brauner Oberseite, rotem Scheitelkäppchen und schwarzem Kinnfleck; beim Männchen im Prachtkleid Brust mehr oder weniger kräftig rosarot getönt.
STIMME: Im Flug schnelles, nasales »dschädschädschä«; Gesang rau zwitschernd und trillernd, durchmischt mit Flugrufen.
VORKOMMEN: Ganzjährig in den Bergwäldern der Alpen, in letzter Zeit stellenweise im Alpenvorland sowie in Parks und Gärten von Städten; etwas hellere skandinavische Unterart im Winter als Durchzügler oder Wintergast bei uns.
NAHRUNG: Kleine Samen von Laubbäumen und krautigen Pflanzen.
BRUT: Nest meist hoch in Nadelbäumen; 2 Bruten im Jahr, Eier hellblau mit rötlichen und bräunlichen Flecken und Kritzeln, vom Weibchen allein bebrütet.

TYPISCH
Zwei helle Flügelbinden und der schwarze Kinnfleck unterscheiden das Birkenzeisigmännchen vom Männchen des Bluthänflings.

› Das Weibchen des Bluthänflings ist ein unscheinbar brauner Vogel mit deutlichen Längsstreifen an Ober- und Unterseite.

Bluthänfling

Carduelis cannabina

AUSSEHEN: 14 cm groß; Männchen im Prachtkleid mit roter Stirn und Brust, im Winter dem schlichten Weibchen ähnlich.
STIMME: Nasal und etwas stotternd »gegegegeg«; Gesang ausgesprochen wohlklingend und abwechslungsreich mit zwitschernden, trillernden, flötenden und keckernden Tönen.
VORKOMMEN: In offenen Landschaften mit Gehölzen und Hecken, auch in Weinbergen, Obstgärten, Parks und Gärten; gebietsweise häufig; im Winter oft in Schwärmen, darunter auch Wintergäste aus nordöstlichen Brutgebieten.
NAHRUNG: Vorwiegend Samen von krautigen Pflanzen, seltener von Bäumen.
BRUT: Nest aus Halmen und Pflanzenfasern, meist niedrig in Hecken oder Jungbäumen; 2 Bruten im Jahr mit 4–6 weißlichen, rötlich gefleckten Eiern.

TYPISCH

Der Flug des Bluthänflings wirkt ein wenig hüpfend. Vor allem aber fällt der Vogel durch seine nasalen Flugrufe auf.

› Die in Mitteleuropa relativ seltene Heidelerche *(Lullula arborea)* ist etwas kleiner als die Feldlerche. Sie singt häufig auch nachts.

Feldlerche

Alauda arvensis

AUSSEHEN: Etwa 18 cm großer, unauffällig gefärbter Bodenvogel; kann die Scheitelfedern zu einer runden Haube aufstellen.
STIMME: Rufe wie »tirrr«, »prütt« oder auch »tschrl«; Gesang aus langen, trillernden und wirbelnden Strophen, wird in einem ausdauernden, hohen, schwirrenden Singflug vorgetragen.
VORKOMMEN: War in Mitteleuropa einer der häufigsten Brutvögel der offenen Feldflur, Bestände in letzter Zeit jedoch vielerorts stark zurückgegangen; nur in milden Gegenden bleibt die Feldlerche ganzjährig bei uns; sonst Zugvogel, der in West- oder Südeuropa überwintert.
NAHRUNG: Insekten und Larven, Spinnen, Schnecken, Samen und Sprosse.
BRUT: Nest in einer Bodenmulde; 2 Bruten im Jahr, Eier kräftig braun gesprenkelt; nur das Weibchen brütet.

TYPISCH
Im Flug lässt sich die Feldlerche durch einen weißen Flügelhinterrand von den übrigen heimischen Lerchenarten unterscheiden.

Haubenlerche
Galerida cristata

AUSSEHEN: 17 cm große, gedrungene Lerche mit hoher, spitzer Scheitelhaube, die meist aufgerichtet getragen wird.
STIMME: Weich flötend ruft die Haubenlerche »die-die-dri-e« oder »dü-dü-dürdli«. Ihr pfeifender und zwitschernder Reviergesang besteht aus unterschiedlich langen, oft wiederholten Strophen und wirkt durch Pausen etwas zerhackt.
VORKOMMEN: Auf trockenem Ödland, Gleisanlagen, Industriegelände, Straßen und Plätzen, sogar mitten in der Großstadt; bei uns Jahresvogel, vielerorts allerdings selten oder ganz fehlend.
NAHRUNG: Hauptsächlich Sämereien, daneben auch Getreidekörner, frische Grasspitzen, kleine Bodeninsekten und Spinnen.
BRUT: Bodennest, oft an Straßenböschungen und Bahndämmen, in Städten auch auf Flachdächern; 2 Bruten im Jahr, je 3 – 5 braun gefleckte Eier, die vom Weibchen allein bebrütet werden.

TYPISCH
Die Haubenlerche singt auch häufig vom Boden oder einer erhöhten Sitzwarte aus. Darin unterscheidet sie sich von der Feldlerche.

› Entgegen der verbreiteten Meinung singen Nachtigallen keineswegs nur in der Nacht.

Nachtigall

Luscinia megarhynchos

AUSSEHEN: Gut 16 cm groß, rötlich braun, auf der Unterseite heller, ohne Musterung, Bürzel und Schwanz satt rostbraun.
STIMME: Gesang auffallend laut und wohlklingend, zur Brutzeit fast Tag und Nacht zu hören; schmetternde und flötende Motive im Wechsel mit ansteigendem »hü hü hü…«; Warnruf »hüid«.
VORKOMMEN: In Norddeutschland recht verbreitet, in Süddeutschland nur lokal in Flussniederungen; in Laub- und Auwäldern, aber auch vielfach in Parks, Friedhöfen und verwilderten Gärten; Zugvogel, überwintert im tropischen Afrika.
NAHRUNG: Insekten, Spinnen, Schnecken, Würmer; im Herbst auch Beeren.
BRUT: Nest aus Laub und Halmen in dichtem Gestrüpp am Boden; 4–6 olivgrüne Eier, vom Weibchen allein bebrütet.

TYPISCH
Am Boden hüpft die Nachtigall mit großen Sprüngen. Ruckartig stellt sie immer wieder den Schwanz steil auf. Alle ihre Bewegungen wirken sehr elegant.

> Wie die Nachtigall lässt auch der Sprosser sein Lied tagsüber wie auch nachts erklingen.

Sprosser

Luscinia luscinia

AUSSEHEN: Der Nachtigall sehr ähnlich, nur oberseits nicht rötlich, sondern olivbraun, helle Brust mit bräunlichen Flecken. **STIMME:** Gesang langsamer und tiefer als bei der Nachtigall, mit häufig eingeschobenen schnurrenden Motiven; bei Erregung tiefe »karrr«- oder helle »hiiied«-Rufe.

VORKOMMEN: In Nord- und Osteuropa verbreitet, bei uns nur in Schleswig-Holstein als Brutvogel; in dichtem Gebüsch in Gewässernähe, auch in dicht bewachsenen Gärten und Parks; Zugvogel, überwintert in Ostafrika.

NAHRUNG: Insekten, Spinnen, Schnecken, Würmer; im Herbst auch Beeren.

BRUT: Bodennest, meist in einer Senke unter dichtem Gebüsch; 4–6 bräunliche Eier, vom Weibchen allein bebrütet.

TYPISCH

Von der Nachtigall unterscheidet sich der Sprosser äußerlich durch die leicht gemusterte Brust und bräunliche Flecken oder undeutliche Querbinden auf der beigefarbenen Schwanzunterseite.

› Das Weibchen des Neuntöters ist braun mit heller Unterseite, die schwarze Augenbinde erscheint nur angedeutet.

Neuntöter | Rotrückenwürger

Lanius collurio

AUSSEHEN: 17 cm groß, Männchen mit hellgrauem Kopf, breiter, schwarzer Augenbinde und kräftig rotbraunem Rücken; die weißliche Unterseite wirkt wie rosa überpudert.

STIMME: Ruft stoßartig hart »dschä« oder stimmlos »trrt-trrt«.

VORKOMMEN: In offenem, heckenreichem Gelände, an Waldrändern und auf Heideflächen, am Siedlungsrand auch in Gärten mit Dornensträuchern; Zugvogel, überwintert in Ost- und Südafrika.

NAHRUNG: Große Insekten, auch Frösche, Mäuse und Jungvögel; spießt Beute oft auf Dornen von Sträuchern auf.

BRUT: Napfförmiges Nest, meist niedrig in Dornengestrüpp; Eier grünlich, gelblich oder rötlich, am stumpfen Pol stets mit einem Kranz brauner Flecken.

TYPISCH

Der Neuntöter sitzt oft auf erhöhter Warte, z. B. auf einem Zaunpfahl oder der Spitze eines Strauchs oder kleinen Baums. Bei Beunruhigung schlägt er den Schwanz seitlich hin und her.

> Der Raubwürger spießt seine Beute auf Dornen oder spitze Ästchen, um sie leichter zerteilen zu können.

Raubwürger

Lanius excubitor

AUSSEHEN: Etwa 24 cm groß, kontrastreich schwarz-weiß gefärbt mit silbergrauer Oberseite und schwarzer Augenmaske.
STIMME: Ruft bei Störungen am Nest hart »wäd wäd«; Gesang aus langen Pfeiflauten und rauen, schwätzenden Tönen.
VORKOMMEN: In offenen Landschaften mit Baumgruppen und Buschwerk, auch in Obstgärten; weit verbreitet, aber nirgendwo häufig; viele ganzjährig bei uns, im Winter außerdem noch Zuzügler aus nordöstlichen Brutgebieten.
NAHRUNG: Großinsekten, Mäuse, Kleinvögel bis Ammerngröße, Eidechsen.
BRUT: Nest meist hoch in einzeln stehendem Baum oder Busch; 5–6 weißliche, braun gefleckte Eier, die vom Weibchen allein bebrütet werden; das Männchen ist an der Jungenaufzucht beteiligt.

TYPISCH

Bei Erregung schlägt der Raubwürger ebenso wie der Neuntöter seinen Schwanz heftig hin und her. Sein Flug ist auffallend wellenförmig.

› Die langen, sichelförmigen Flügel und das fast völlig schwarze Gefieder unterscheiden den Mauersegler von den Schwalben.

Mauersegler

Apus apus

AUSSEHEN: Gut 16 cm groß, schwalbenähnlich; abgesehen von einem weißlichen Kehlfleck ist der ganze Vogel schwarzbraun.
STIMME: Im Flug hohe, schrille »srieh«-Rufe, häufig zu hören.
VORKOMMEN: Brütet bei uns regelmäßig in Städten und Dörfern, Nahrungssuche auch oft über der freien Landschaft; fliegt bei anhaltend schlechtem Wetter oft Hunderte von Kilometern weit in Gebiete mit besserem Wetter; in Mitteleuropa nur von Mai bis Anfang August, zieht zum Überwintern ins tropische Afrika.
NAHRUNG: Ausschließlich kleine, fliegende Insekten.
BRUT: Nester in Kolonien in Mauernischen und unter Dächern; 2–3 weiße Eier; beide Partner am Brüten beteiligt.

TYPISCH

Der Mauersegler ist ein rasanter Flieger, der mit schnellen, flachen Flügelschlägen durch die Luft schießt. Im Gegensatz zu den Schwalben legt er im Flug die Flügel nie an den Körper an.

Pirol

Oriolus oriolus

TYPISCH

Fast immer hält sich der Pirol hoch in den Baumkronen auf. Im Flug bewegt er sich, ähnlich wie Spechte, wellenförmig fort.

AUSSEHEN: Etwa 24 cm großer, schlanker Singvogel; Männchen sonnengelb mit schwarzen Flügeln, Weibchen und Jungvögel gelbgrün; junge Männchen erst ab dem 3. Lebensjahr gelb.

STIMME: Ruf ein raues »krrrää«, ähnlich einem Eichelhäher, oder »gewäh«; Reviergesang des Männchens im Frühjahr melodisch flötend, etwa wie »dedüalüo«.

VORKOMMEN: In Laub- und Auwäldern, in Parks mit hohen, alten Bäumen sowie in großen Obstgärten; Zugvogel, nur Mitte Mai bis September bei uns, überwintert im tropischen Afrika.

NAHRUNG: Große Insekten, Larven, Raupen sowie Spinnen, gern auch Beeren und andere Früchte.

BRUT: Als Nest ein kunstvoll gewobener, an einer Astgabel frei hängender Napf; 3–5 weißliche bis rosafarbene Eier mit dunkelbraunen Flecken, werden meist nur vom Weibchen bebrütet.

› Das Weibchen des Grauspechts hat überhaupt kein Rot im Gefieder.

Grauspecht

Picus canus

AUSSEHEN: Etwa 25 cm groß, an Kopf und Hals grau, was ihn vom ähnlichen, aber größeren Grünspecht (s. S. 82) unterscheidet; nur das Männchen mit kleinem, rotem Stirnfleck.
STIMME: Im Frühjahr lange, abfallende Reihen weicher Pfeiftöne, die gegen Ende langsamer werden; sonst meist stumm.
VORKOMMEN: Von den Alpen bis zu den Mittelgebirgen regelmäßiger, gebietsweise aber selten gewordener Brutvogel in Laub- und Mischwäldern, Parks, Obstgärten und Friedhöfen; Jahresvogel.
NAHRUNG: Hauptsächlich Ameisenpuppen und Ameisen, aber auch andere Insekten, Samen und Beeren; sucht Nahrung in erster Linie auf dem Boden.
BRUT: Partner zimmern gemeinsam die Nisthöhle oder beziehen eine verlassene andere Spechthöhle; 7–9 weiße Eier.

TYPISCH

Zur Reviermarkierung trommelt der Grauspecht wiederholt etwa 2 Sekunden lang mit sehr gleichmäßiger Schlagfrequenz.

› Das Buntspechtweibchen hat einen rein schwarz-weißen Kopf, dem jegliches rote Abzeichen fehlt.

Buntspecht

Dendrocopos major

AUSSEHEN: Gut 22 cm großer Specht mit auffallendem schwarz-weiß-rotem Federkleid; arttypisch sind große weiße Schulterflecken und ein leuchtend roter Steiß; Männchen im Gegensatz zum Weibchen mit rotem Nackenfleck.
STIMME: Metallisch klingendes »kick«, oft in schneller Folge; im Frühjahr heiseres »rärärärä…«.
VORKOMMEN: In Wäldern aller Art häufig, auch in Parks und Gärten mit höheren Bäumen, selbst mitten in der Großstadt; Jahresvogel.
NAHRUNG: Im Holz lebende Insekten und Larven, im Sommer auch Eier und Nestlinge, im Winter Baumsamen und Nüsse.
BRUT: Nest in jährlich neu gezimmerter Baumhöhle; 5–7 weiße Eier; Brüten und Jungenaufzucht durch beide Partner.

TYPISCH
Die kurzen Trommelwirbel, die sowohl Männchen wie Weibchen zur Revierabgrenzung hören lassen, sind nur etwa 0,5 Sekunden lang und jeweils am Anfang betont.

> Um an den zuckerreichen Baumsaft zu gelangen, schlägt der Dreizehenspecht Löcherreihen in die Rinde von Nadelbäumen.

Dreizehenspecht

Picoides tridactylus

AUSSEHEN: 22 cm großer Specht mit lebhaft gemustertem, schwarz-weißem Federkleid; Männchen mit gelbem Scheitelfleck, der dem Weibchen fehlt; nur 3 statt der üblichen 4 Zehen.
STIMME: Weiche, gedämpfte »ügg«-Rufe, nur selten zu hören.
VORKOMMEN: Brutvogel nördlicher Breiten, in Deutschland nur in den Alpen, im Bayerischen Wald und seit kurzem auch wieder im Schwarzwald; vorzugsweise in Fichtenwäldern zwischen 800 und 1700 m Höhe, gelegentlich auch in waldnahen Gärten mit hohen Nadelbäumen; Jahresvogel.
NAHRUNG: Im Holz und unter der Borke lebende Insekten und Larven, Baumsaft.
BRUT: Nest in einer von beiden Brutpartnern jährlich neu gezimmerten Baumhöhle; 3–4 weiße Eier; Brüten und Jungenaufzucht durch beide Elternvögel.

TYPISCH

Die zur Reviermarkierung dienenden Trommelwirbel haben lange Schlagfolgen, die gegen Ende immer schneller werden.

› Wenn der Wendehals Junge zu versorgen hat, schleppt er unermüdlich Ameisenlarven und -puppen zum Nest.

Wendehals

Jynx torquilla

AUSSEHEN: 16 – 17 cm großer Spechtverwandter mit relativ kurzem Schnabel und braunem, rindenartig gemustertem Gefieder. **STIMME:** Etwas kläglich klingende, am Ende anschwellende »gjägjägjä …«-Reihen, manchmal auch zischendes »gschrih«. **VORKOMMEN:** Bei uns zwar verbreitet, aber nirgendwo häufig; einzelgängerisch in lichten Laubwäldern, Feldgehölzen, Alleen, Obstgärten, Friedhöfen, Parks und Gärten mit alten Laubbäumen; Zugvogel, überwintert im tropischen West- und Zentralafrika. **NAHRUNG:** In erster Linie Ameisenpuppen, die am Boden gesammelt werden, manchmal auch andere kleine Insekten. **BRUT:** 6 – 10 weiße Eier, die ohne Nistmaterial in Baumhöhlen gelegt und von beiden Brutpartnern bebrütet werden.

TYPISCH

Während der Balz, aber auch bei Gefahr beugt der Vogel den Kopf weit nach hinten; gleichzeitig wendet er den Hals von einer Seite zur anderen und zischt dabei.

› In den Wintermonaten verzehren Wacholderdrosseln gern die an den Zweigen verbliebenen Beeren.

Wacholderdrossel

Turdus pilaris

AUSSEHEN: Etwa 25 cm große Drossel mit hellgrauem Kopf und Bürzel und rotbraunem Rücken; auf der hellen Unterseite im Flankenbereich charakteristische pfeilförmige Flecken.

STIMME: Im Flug oft ein lautes »tschak-tschak«, bei Störungen am Nest ein kratzendes »trrtrrtrr«; Gesang gepresst-zwitschernd, oft im Flug vorgetragen.

VORKOMMEN: Brütet in Mitteleuropa an Waldrändern, in Feldgehölzen, Parks und baumbestandenen Gärten; im Winter zudem Wintergäste aus Osteuropa bei uns.

NAHRUNG: Würmer und Schnecken, Insekten, auch viele Beeren und Obst.

BRUT: Nester in Kolonien auf Bäumen; meist 2 Bruten im Jahr, Eier blaugrün, rot gemustert, vom Weibchen bebrütet.

TYPISCH

Bei einer fliegenden Wacholderdrossel fällt wie bei der Misteldrossel (s. S. 69) ein weißes Feld auf der Flügelunterseite auf. Doch ist der Schwanz der Wacholderdrossel schwarz, bei der Misteldrossel braun-weiß.

Rotdrossel

Turdus iliacus

TYPISCH
In windstillen Nächten im Oktober ebenso wie im März/April lassen sich bei uns nicht selten die charakteristischen Flugrufe von durchziehenden Rotdrosseln vernehmen.

AUSSEHEN: Nur 21 cm große Drossel mit rostbraunen Flanken und einem auffälligen weißlichen Überaugenstreif; im Flug rostrote Unterflügel sichtbar. **STIMME:** Im Flug ein hohes, gedehntes, etwas heiseres »zjieh«; Gesang in einer abfallenden Reihe von Flötentönen, gefolgt von gepresstem Zwitschern. **VORKOMMEN:** Brutvogel nordischer Taigawälder; in Mitteleuropa von Oktober bis April regelmäßig als Durchzügler und Wintergast, dann zur Nahrungssuche vor allem auf Wiesengelände sowie gern auch in Gärten und Parks mit Beerensträuchern. **NAHRUNG:** Im Herbst und Winter vor allem Beeren, auch Würmer und Schnecken; auf dem Herbstzug mit Vorliebe Weintrauben. **BRUT:** Nest im niedrigen Geäst; Eier fein rötlich braun gezeichnet; Brüten und Jungenaufzucht durch beide Geschlechter.

> Um ihre Lieblingsnahrung, Gehäuseschnecken, aufzuschlagen, benutzen Singdrosseln einen großen Stein als Amboss.

Singdrossel

Turdus philomelos

AUSSEHEN: Etwa 23 cm große Drossel; Oberseite einheitlich dunkelbraun, Unterseite rahmweiß, dicht schwarz gefleckt.
STIMME: Im Flug häufiges, kurzes, scharfes »zipp«, bei Gefahr durchdringendes Zetern; Gesang mit weithin schallenden Strophen aus vielerlei, jeweils mehrfach wiederholten Motiven.
VORKOMMEN: In unterholzreichen Wäldern und Feldgehölzen, häufig auch in Gärten und Parks; bei uns Zugvogel, der in Westeuropa oder im Mittelmeerraum überwintert, oft aber bereits Ende Februar wieder zurückkehrt.
NAHRUNG: Schnecken, Regenwürmer, Raupen; im Herbst Beeren und Obst.
BRUT: Stabiles, napfförmiges Nest, häufig in jungen Fichten dicht am Stamm; 2 Bruten im Jahr mit je 4–6 türkisblauen Eiern; nur das Weibchen brütet.

TYPISCH
Ihr wohlklingendes Lied trägt die Singdrossel morgens und abends von der Spitze eines hohen Baums oder einer anderen sehr hohen Warte aus vor.

> Am ehesten sieht man Misteldrosseln am Boden, wenn sie auf Waldlichtungen oder kurzrasigen Wiesen nach Nahrung suchen.

Misteldrossel

Turdus viscicorus

AUSSEHEN: Der Singdrossel recht ähnlich, aber mit 27 cm deutlich größer und mit einem grauen Anflug auf dem braunen Rückengefieder; am Boden typischerweise sehr aufrecht stehend.
STIMME: Flugruf ein schnarrendes »trrrrr«; Gesang mit kurzen, flötenden Strophen, unterbrochen von längeren Pausen.
VORKOMMEN: In lichten Wäldern, aber auch in baumbestandenen Gärten und Parks; überwintert großteils in West- und Südeuropa, stets aber auch einige den Winter über im Lande bleibend.
NAHRUNG: Würmer, Schnecken, Insekten; im Winter Beeren, gern Misteln.
BRUT: Großes, mit Erde verfestigtes Nest auf Bäumen; 2 Bruten im Jahr mit je 4–6 bläulichen, rötlich gefleckten Eiern; Weibchen brütet allein.

TYPISCH
Beim Fliegen erkennt man ein weißes Feld auf der Flügelunterseite der Misteldrossel. Darin gleicht sie der Wacholderdrossel (s. S. 66), doch ist ihr Flug wellenförmig.

Amsel

Turdus merula

AUSSEHEN: Etwa 25 cm groß; Männchen kohlschwarz mit gelbem Schnabel und gelbem Augenring; Weibchen einheitlich dunkelbraun, Jungvögel heller braun und kräftig gefleckt.
STIMME: Bei Beunruhigung »tjock« oder »tix tix«, bei stärkerer Erregung gellendes Zetern; Gesang überaus melodisch und abwechslungsreich, ertönt schon ab dem Spätwinter.
VORKOMMEN: Früher ein reiner Waldvogel, heute überwiegend in Parks und Gärten, selbst mitten in der Großstadt; in der Stadt gewöhnlich ganzjährig im Brutrevier, sonst großteils in Süd- oder Westeuropa überwinternd.
NAHRUNG: Regenwürmer, Schnecken, Insekten; im Herbst auch viele Früchte.
BRUT: Nest in Sträuchern, aber auch an Gebäuden; 2–3 Bruten im Jahr, Eier blaugrün, fein braun gesprenkelt.

TYPISCH
Bei der Futtersuche am Boden hüpft die Amsel beidbeinig. Sie unterscheidet sich darin vom Star, der deutlich wackelnd läuft.

Star

Sturnus vulgaris

AUSSEHEN: 21 cm groß, kurzschwänziger als eine Amsel; Federkleid schwarz mit feinen weißen Tupfen, vor allem beim Männchen zur Brutzeit mit starkem violettem und grünem Metallglanz.
STIMME: Häufig ein heiseres »rräh«, Warnruf ein hartes »pett pett«; und als Gesang ein anhaltendes Schwätzen, durchmischt mit pfeifenden, schnurrenden und schnalzenden Lauten sowie Imitationen anderer Vogelstimmen.
VORKOMMEN: In Laub- und Mischwäldern, Feldgehölzen, Parks und Gärten; überall häufig, außerhalb der Brutzeit oft in großen Schwärmen. Mitteleuropäische Stare überwintern in der Mehrzahl in Südeuropa, in wachsender Zahl aber auch bei uns.
NAHRUNG: Insekten, Würmer, Schnecken, Beeren und Obst.
BRUT: Nest in Baum-, Mauer- oder Felshöhlen, auch gern in Brutkästen; Eier türkisgrün bis hellblau; beide Partner brüten.

TYPISCH

Beim Singen rudert ein Star meist heftig mit den Flügeln. Sein Flug ist geradlinig und recht schnell, oft mit kurzen Gleitstrecken.

› Das Gimpelweibchen ist an Brust und Bauch matt rötlich braun, ansonsten dem Männchen ähnlich.

Gimpel | Dompfaff

Pyrrhula pyrrhula

AUSSEHEN: 16 cm groß, plump wirkend; Männchen mit leuchtend roter Unterseite, die sich kontrastreich gegen die schwarze Kopfkappe und die schwarz-weiß-graue Oberseite abhebt.
STIMME: Weiches »djü« oder »jüp«; Gesang ein leises, zwitscherndes Geplauder, gemischt mit gequetscht klingenden Tönen.
VORKOMMEN: In Mitteleuropa verbreiteter und häufiger Brutvogel in Nadel- und Mischwald, Feldgehölzen und Hecken, ebenso in Parks, Obstgärten und Gärten; Jahresvogel.
NAHRUNG: Knospen, Samen von Bäumen und Kräutern, Beeren; zur Brutzeit auch Insekten.
BRUT: Lockeres Nest aus Zweigen und Moos, versteckt in dichten Büschen und Nadelbäumen; 2 Bruten im Jahr, jeweils 4–6 hellblaue, dunkel gefleckte Eier.

TYPISCH

Bei einem fliegenden Gimpel sticht der leuchtend weiße Bürzel ins Auge. Im Winter schließen sich oft mehrere Gimpelpaare zu kleinen Trupps zusammen.

> Auch der Fichtenkreuzschnabel *(Loxia curvirostra)* hat einen sehr kräftigen, dicken Schnabel, dessen Spitzen sich aber überkreuzen.

Kernbeißer

Coccothraustes coccothraustes

AUSSEHEN: Etwa 18 cm großer Singvogel mit überaus klobigem Schnabel, der im Sommer beim Männchen bläulich gefärbt ist. Vor allem im Flug fällt die lebhafte Schwarzweißzeichnung von Flügeln und Schwanz deutlich auf.

STIMME: Kurze, scharfe »zick«- oder »zittit«-Rufe; stammelnder Gesang aus Rufvariationen und nasalen Tönen, selten zu hören.

VORKOMMEN: In Laub- und Mischwäldern sowie Parks und Gärten mit großen, alten Laubbäumen, sehr unauffällig in den Baumkronen lebend; in Mitteleuropa gewöhnlich Jahresvogel.

NAHRUNG: Samen von Laubbäumen, besonders von Hainbuche und Ahorn.

BRUT: Großes Nest, hoch in Laubbäumen; Eier bräunlich grau, dunkel gemustert, allein vom Weibchen bebrütet.

TYPISCH

Kernbeißer sind bisweilen am Boden bei der Nahrungssuche zu beobachten. Bei einer Störung fliegen sie aber sogleich steil hoch in die Baumkronen.

› Im Winter tut sich der Seidenschwanz vor allem an hängengebliebenen Beeren gütlich.

Seidenschwanz

Bombycilla garrulus

Aussehen: Etwa 18 cm großer, gedrungen wirkender, wenig scheuer Singvogel mit schwarzer Gesichtsmaske und aufrichtbarer Federhaube; am Schwanz eine gelbe Endbinde, Flügel weiß-gelb-schwarz mit einigen lackroten Hornblättchen.
Stimme: Hohe, schwirrende »sirrrr«-Rufe, weit zu hören.
Vorkommen: Brütet in der Taiga Skandinaviens und Russlands; bei uns ein Wintergast, der unregelmäßig und in sehr unterschiedlicher Zahl auftaucht; in Trupps dann in Feldgehölzen, Parks und Gärten mit beerentragenden Sträuchern.
Nahrung: Zur Brutzeit vor allem Insekten; im Herbst und Winter fast ausschließlich Beeren und Obst.
Brut: Nest aus Zweigen und Flechten; Eier weißlich, dunkel gefleckt; Nestbau und Brutfürsorge durch beide Partner.

Typisch
Der geradlinige, immer wieder von kurzen Gleitphasen unterbrochene Flug des Seidenschwanzes erinnert an den eines Stars.

Wasseramsel

Cinclus cinclus

AUSSEHEN: Ungefähr 18 cm großer, kurzschwänziger Singvogel mit schokoladen- bis dunkelbraunem Gefieder und leuchtend weißem Kehl- und Brustlatz.

STIMME: Ruf ein scharfes »zitt« oder raues »schrätt-schrätt«; Gesang rau zwitschernd und heiser schwätzend, wird von beiden Geschlechtern vorgetragen.

TYPISCH

Die Wasseramsel sitzt gern auf einem Stein, der aus dem Wasser ragt. Dabei knickst sie häufig und regelmäßig. Ihr Gesang ist nicht selten auch mitten im Winter zu hören.

VORKOMMEN: In den Alpen und Mittelgebirgen verbreitet, im Norddeutschen Tiefland weitgehend fehlend; an schnell fließenden Bächen und Flüssen bis in 2000 m Höhe, auch im Siedlungsbereich in gewässernahen Gärten; Jahresvogel.

NAHRUNG: Wasserinsekten und deren Larven.

BRUT: Großes, kugelförmiges Moosnest mit seitlichem Eingang, von beiden Brutpartnern gebaut, oft mehrere Jahre lang benützt; 2 Bruten im Jahr mit 4–6 weißen Eiern; nur Weibchen brütet.

Das Jugendkleid der jungen Bachstelzen wirkt bräunlich grau und ist noch recht kontrastarm.

Bachstelze

Motacilla alba

AUSSEHEN: 18 cm groß, schlank und langschwänzig; Gefieder schwarz-weiß-grau, vor allem im Sommer beim Männchen sehr kontrastreich, im Winter etwas blasser, wie beim Weibchen.
STIMME: Rufe wie »pewitt«, »ziwlitt« oder »zitt«; als Gesang ein hastiges, recht unauffälliges Zwitschern, selten zu hören.
VORKOMMEN: In ganz Europa verbreitet und fast überall häufig, gern an Gewässerufern, aber auch an Einzelgehöften, in Dörfern und Städten, Parks und Gärten; die meisten überwintern im Mittelmeerraum oder in Afrika, einige auch bei uns.
NAHRUNG: Insekten, Larven, Spinnen.
BRUT: Nest in Halbhöhlen am Wasser, oft auch an Gebäuden oder in Holzstößen; meist 2 Bruten im Jahr, Eier dunkel gefleckt; Weibchen brütet fast allein.

TYPISCH

An ihrem trippelnden Gang, der mit ständigem Kopfnicken und Schwanzwippen verbunden ist, lässt sich die Bachstelze unschwer erkennen.

› Das Weibchen der Schafstelze ist viel weniger farbenfroh als das Männchen.

Schafstelze

Motacilla flava

AUSSEHEN: 17 cm großer, langschwänziger und hochbeiniger Singvogel; im Frühsommer Brust und Bauch des Männchens leuchtend gelb, Oberseite olivbraun, auffälliger weißer Überaugenstreif; im herbstlichen Schlichtkleid ebenso wie beim Weibchen Farben wesentlich blasser und Kontraste schwächer.
STIMME: Ruf wie »psieh« oder »psüip«; als Gesang Reihung rufähnlicher Silben, selten zu hören.
VORKOMMEN: Auf feuchten, kurzrasigen Wiesen und Feldern, oft in Dorfnähe; im Tiefland verbreitet, in den Alpen und Mittelgebirgen fehlend; Zugvogel, überwintert in Afrika südlich der Sahara.
NAHRUNG: Insekten und Larven.
BRUT: Lockeres Nest, in der Bodenvegetation versteckt; Eier dicht rotbraun gefleckt; Weibchen brütet überwiegend.

TYPISCH

Schafstelzen sitzen gern auf Zaunpfosten oder niedrigen Büschen. Wie alle Stelzen fallen sie durch ihr ständiges Schwanzwippen auf.

› Der ähnliche Raufußkauz *(Aegolius funereus)* ist ausgeprägt nachtaktiv und versteckt sich tagsüber meist in dichten Nadelbäumen.

Steinkauz

Athene noctua

AUSSEHEN: 21–23 cm groß, gedrungen und kurzschwänzig; Kopf merkwürdig flach wirkend, mit schwefelgelben Augen.
STIMME: Lockruf ein ansteigendes »huuuhg«, bei Störung am Nest bellendes »kiff kiffkiff« und lautes Schnabelklappen; Reviergesang des Männchens ein gezogenes »huuuui« oder »kwiau«.
VORKOMMEN: In Mitteleuropa weit verbreitet, doch vielerorts selten geworden; besiedelt offene Kulturlandschaften mit eingestreuten kleinen Gehölzen oder Obstgärten am Dorfrand; Jahresvogel.
NAHRUNG: Überwiegend Mäuse, aber auch Kleinvögel, Frösche, Eidechsen, große Insekten, Spinnen, Regenwürmer.
BRUT: Nest in Baumhöhlen oder Mauernischen; 3–5 weiße Eier; Weibchen brütet allein, Männchen trägt Beute herbei.

TYPISCH
Zwar ist der Steinkauz überwiegend dämmerungsaktiv, doch sieht man ihn auch häufig am hellen Tag. Bei Erregung zeigt er ein auffälliges Knicksen.

› Der sehr verborgen lebende Wachtelkönig *(Crex crex)* ist im Flug an seinen rostbraunen Flügelflächen zu erkennen.

Wachtel

Coturnix coturnix

AUSSEHEN: Bis zu 18 cm groß, am Boden durch das erdbraune, gefleckte Gefieder gut getarnt; Männchen im Unterschied zum Weibchen mit einfarbig ockerbrauner Brust und schwarzer Kehle.
STIMME: Als Revierruf des Männchens der dreisilbige »Wachtelschlag« wie »pick-wer-wick«, vor allem in der Abenddämmerung zu vernehmen.
VORKOMMEN: In offenen Kulturlandschaften mit Wiesen und Feldern; Zugvogel, überwintert teils im Mittelmeerraum, teils in Afrika.
NAHRUNG: Insekten, Spinnen, Würmer, Schnecken, auch Knospen, Triebspitzen und Samen von Kräutern und Getreide.
BRUT: 6–12 gelbliche, dunkel gefleckte Eier in einem Bodennest; nur Weibchen brütet, betreut auch die Jungen allein.

TYPISCH

Nur selten sieht man Wachteln mit schwirrenden Flügelschlägen knapp über dem Boden dahinfliegen. Sie flüchten fast immer zu Fuß, dies aber mit einer erstaunlichen Geschwindigkeit.

In Ruhe legt der Wiedehopf seinen eindrucksvollen Kopfputz zu einem verlängerten Federschopf zusammen.

Wiedehopf

Upupa epops

AUSSEHEN: Etwa 28 cm groß, mit langem, dünnem Schnabel und großer, aufrichtbarer Fächerhaube; auf Flügel, Rücken und Schwanz schwarz-weiße Querbänderung, ansonsten blassbraun.
STIMME: Als Ruf ein weit tragendes, dumpfes »bub-bub-bub«, bei Erregung ein krächzendes »chrääää«.
VORKOMMEN: In lichten Wäldern, Parklandschaften und offenem Kulturland in warmen, trockenen Klimaregionen; bei uns nur vereinzelt in milden Gegenden Mittel- und Süddeutschlands; Zugvogel, überwintert im tropischen Afrika.
NAHRUNG: Insekten, Würmer, Schnecken, auch Frösche oder Eidechsen.
BRUT: Nest meist in Baumhöhle, manchmal in Fels- oder Mauernische; 5–8 weiße Eier; Weibchen brütet allein.

TYPISCH

Ein recht unregelmäßiger Flügelschlag lässt den Flug des Wiedehopfs schmetterlingshaft flatternd wirken. Beim Landen stellt der Vogel ebenso wie bei Erregung seine Federhaube auf.

> Das Weibchen hat stets eine helle Kehle, während die des Männchens zumindest im Prachtkleid schwarz ist.

Kiebitz

Vanellus vanellus

AUSSEHEN: Etwa 30 cm großer Watvogel, aus der Entfernung schwarz-weiß wirkend, aus der Nähe mit grünem Metallglanz; am Hinterkopf ein langer, dünner, aufgebogener Federschopf. **STIMME:** Zweisilbiger Ruf »kie-witt«; während der Imponierflüge des Männchens Strophen wie »witt witt witt kchiuwitt«. **VORKOMMEN:** Im Tiefland ein verbreiteter Brutvogel auf Verlandungsflächen, Mooren, kurzrasigen Wiesen und landwirtschaftlichen Flächen; in milden Gegenden ganzjährig im Lande, in raueren Regionen dem Winter nach Süden ausweichend.
NAHRUNG: Insekten, Würmer, Schnecken.
BRUT: Zumeist 4 Eier, birnenförmig und olivbraun mit schwarzen Flecken, in eine Bodenmulde gelegt und von beiden Partnern abwechselnd bebrütet.

TYPISCH
Kiebitzmännchen führen spektakuläre Schauflüge mit Sturzflügen und wildem Torkeln auf, um ihr Brutrevier zu markieren und Weibchen anzulocken.

Grünspecht

Picus viridis

AUSSEHEN: Etwa 32 cm großer, moosgrüner Specht mit schwarzer Augenmaske und lang gezogener, leuchtend roter Scheitelkappe; im Flug fällt bei beiden Arten der gelbe Bürzel auf.
STIMME: Männchen wie Weibchen lassen zur Reviermarkierung ein anhaltendes, schallendes »Lachen« wie »kjükjükjükjü« ertönen, trommeln dagegen nur selten.

TYPISCH
Grünspechte suchen ihre Nahrung fast ausschließlich am Boden. Im Winter graben sie sich sogar durch den Schnee zu Ameisennestern durch.

VORKOMMEN: In fast ganz Europa in Laub- und Mischwäldern, Feldgehölzen, Obstgärten, Alleen, Gärten und Parks mit alten Bäumen; Jahresvogel.
NAHRUNG: In erster Linie Ameisen und deren Puppen, auch andere Insekten, Würmer, Schnecken und Obst.
BRUT: Nest in selbst gezimmerter oder übernommener Baumhöhle, meist niedrig am Stamm; 5–8 weiße Eier.

› Ist das Wirtsnest zu klein geworden, werden junge Kuckucke von ihren Pflegeeltern noch tagelang außerhalb des Nests gefüttert.

Kuckuck

Cuculus canorus

AUSSEHEN: Ungefähr 33 cm groß und langschwänzig; Oberseite grau, Unterseite eng gebändert, an einen Sperber erinnernd.
STIMME: Als Reviergesang des Männchens allbekannter Kuckucksruf, manchmal auch dreisilbig; Weibchen zur Brutzeit laut trillernd; Bettelruf des Jungen ein durchdringendes »sriesrie…«.
VORKOMMEN: In ganz Europa verbreitet, besonders in halboffenem, abwechslungsreichem Gelände mit vielen Singvögeln, nicht selten auch in großen Parks; Zugvogel, überwintert im tropischen Afrika.
NAHRUNG: Raupen, große Insekten.
BRUT: Legt jährlich bis zu 20 Eier einzeln in die Nester verschiedener Singvogelarten (Brutschmarotzer). Die Wirtsvögel brüten das fremde Ei aus und ziehen den jungen Kuckuck groß.

TYPISCH
Das Flugbild des Kuckucks mit seinen langen, schmalen, sehr spitzen Flügeln und dem langen Schwanz ähnelt dem eines Greifvogels.

Rebhuhn

Perdix perdix

AUSSEHEN: 30 cm großer, gedrungener, kurzschwänziger Hühnervogel mit ziegelrotem Gesicht; Männchen mit dunkelbraunem, hufeisenförmigem Bauchfleck auf der grauen Unterseite. **STIMME:** Bei einer Störung laute »pitt pitt«- oder »rep rep«-Rufe; als Revierruf des Männchens ein knarrendes »girräck«. **VORKOMMEN:** In kleinräumiger, trockener Feldflur mit Feldrainen, Hecken und kleinen Gehölzen; Bestände durch Intensivierung der Landwirtschaft stark verringert; Jahresvogel. **NAHRUNG:** Gräser, Klee, Wildkräuter, Sämereien; Insekten als Kükennahrung. **BRUT:** Nest eine flache, spärlich mit Gras und Blättern ausgekleidete Bodenmulde unter dichtem Bewuchs; 10–20, manchmal bis zu 24 olivbraune Eier, die allein von der Henne bebrütet werden.

TYPISCH

Rebhühner flüchten, wenn man sich ihnen nähert, häufig laufend in die nächste Deckung, wobei sie eine erstaunliche Geschwindigkeit erreichen.

> Die etwas größere, vielerorts wenig scheue Alpendohle *(Pyrrhocorax graculus)* ist glänzend schwarz mit einem gelben Schnabel.

Dohle

Corvus monedula

AUSSEHEN: Ungefähr 33 cm großer Krähenvogel, fast vollständig dunkelgrau bis schwarz, nur Nacken und Augen hellgrau. **STIMME:** Häufigster Ruf ein wiederholtes, schallendes »kjack«, bei Gefahr auch ein hohes »jüp«; Gesang schwätzend, mit miauenden und knackenden Tönen, nur selten zu vernehmen. **VORKOMMEN:** In lichten Laubwäldern und Parks mit Spechthöhlen, auch in der Nähe alter Kirchen, Burgen und Ruinen; bei uns brütende Vögel ganzjährig hier, im Winter außerdem noch Zuzügler aus dem Osten. **NAHRUNG:** Würmer, Schnecken, Insekten, Früchte, Mäuse, Jungvögel, Abfälle. **BRUT:** Reisignester in Kolonien in Baumhöhlen, Felsspalten oder Mauernischen, gern auch in Nistkästen; 4–6 hellblaue Eier mit schwärzlicher Fleckung.

TYPISCH

Im Winter schließen sich die geselligen Dohlen gern Saatkrähen an, von denen sie an ihrem grauen Nackengefieder gut zu unterscheiden sind.

> Die Hohltaube *(Columba oenas)* hat im Unterschied zur Straßentaube nur angedeutete Flügelbinden sowie dunkle statt orange Augen.

Straßentaube | Stadttaube

Columba livia f. domestica

AUSSEHEN: Die etwa 33 cm großen, allbekannten Vögel stammen von verwilderten Haustauben ab; sehr variabel gefärbt und gezeichnet, von schwarz über rostbraun bis fast weiß, in der Mehrzahl »taubengrau« mit grünem oder purpurnem Metallglanz am Hals, 2 schwarzen Flügelbinden und weißem Bürzel. **STIMME:** Typisches Gurren »guhgu-guruh«, ganzjährig zu hören. **VORKOMMEN:** In fast allen Städten Europas zahlreich, nicht nur in Parks, auch auf Marktplätzen und mitten in verkehrsreichen Innenstädten; Jahresvogel. **NAHRUNG:** Sämereien, Getreide, Knospen, Triebe, Blätter, Brot und Abfälle. **BRUT:** Nest oft auf Gebäudesimsen oder Balkonen, in Mauernischen oder unter Brücken; 3–4 Bruten im Jahr mit je 2 weißen Eiern; beide Partner brüten.

TYPISCH

Unabhängig von der übrigen Gefiederfärbung haben die meisten Straßentauben einen weißen oder hellgrauen Bürzel, der im Flug zu sehen ist.

Ringeltaube
Columba palumbus

AUSSEHEN: Ähnlich der Straßentaube, aber ein wenig größer und an den Halsseiten mit leuchtend weißen Abzeichen. **STIMME:** Als Reviergesang ein dumpfes, vier- oder fünfsilbiges Gurren wie »ru-guu-gu gugu«, auf der 2. Silbe betont. **VORKOMMEN:** Im Tiefland bei uns weit verbreitet und häufig, in Laub- sowie Mischwäldern mit umgebenden Wiesen, Feldern, Hecken und Feldgehölzen, in vielen Städten in die Parks und Grünanlagen eingewandert; Teilzieher, überwintert in Mitteleuropa nur in klimatisch milden Regionen, ansonsten im Mittelmeerraum.
NAHRUNG: Samen, Beeren, Baumfrüchte, Getreide, grüne Pflanzenteile, nur gelegentlich auch Insekten und Würmer.
BRUT: Flaches Reisignest, zumeist hoch in Bäumen; 2–3 Bruten im Jahr mit je 2 weißen Eiern, von beiden Brutpartnern bebrütet.

TYPISCH
Im Gegensatz zu Turtel- und Türkentaube (s. S. 88/89) hat die Ringeltaube eine schwarze Endbinde am Schwanz. Im Flug fallen vor allem die weißen Flügelabzeichen auf.

› Bei jungen Turteltauben haben die Flügeldecken zunächst noch keine schwarzen Zentren.

Turteltaube

Streptopelia turtur

AUSSEHEN: Mit nur 26–28 cm die kleinste Taube Europas; Oberseite rostbraun, durch schwarze Federzentren kontrastreich gemustert, an den Halsseiten auffallender schwarz-weißer Fleck.
STIMME: Reviergesang monoton schnurrend »turr-turr-turr …«.
VORKOMMEN: In den Mittelmeerländern häufiger Brutvogel, bei uns eher selten und nur im Tiefland, an Waldrändern, in Feldgehölzen und Obstgärten, Parks und Gärten mit Laubbäumen; Zugvogel, der in Afrika südlich der Sahara überwintert.
NAHRUNG: Samen von Kräutern und Gräsern, auch Nadelbaumsamen.
BRUT: Flaches Reisignest, gewöhnlich in geringer Höhe in einem Baum oder Strauch; zumeist 2 Bruten im Jahr mit jeweils 2 weißen Eiern, von Männchen und Weibchen abwechselnd bebrütet.

TYPISCH

Der im Fliegen gefächerte Schwanz der Turteltaube zeigt, von unten gesehen, eine viel schmälere weiße Endbinde als derjenige der Türkentaube.

Im Flug zeigt eine Türkentaube ihre charakteristische, schwarz-weiße Schwanzunterseite.

Türkentaube

Streptopelia decaocto

AUSSEHEN: Mit 32 cm nur wenig kleiner als die Haustaube, aber deutlich schlanker und langschwänziger; Gefieder beigebraun mit einem schmalen, schwarzen, vorn offenen Halsband.
STIMME: Im Flug oft nasales »chwää chwää«; Reviergesang ein monotones »gu-guh-gu gu-guh-gu« mit Betonung der 2. Silbe.
VORKOMMEN: Ursprünglich aus den Steppen Südasiens, von sich aus seit 1930 in Europa eingewandert, heute über ganz Mitteleuropa verbreitet; als Kulturfolger hierzulande fast ausschließlich in Dörfern und Städten, und zwar ganzjährig.
NAHRUNG: Samen, grüne Pflanzenteile, auch Getreide, Früchte oder Brot.
BRUT: Flaches Nest, meist in einer Astgabel eines Baums oder Strauchs, manchmal auch an Gebäuden; 2–4 Bruten im Jahr mit jeweils 2 weißen Eiern.

TYPISCH
Im zeitigen Frühjahr vollführen die Männchen auffällige Balzflüge, bei denen sie unter lautem Girren abwärts segeln.

> Im Schlichtkleid zeigen sich Gesicht und Unterseite des Goldregenpfeifers nicht mehr schwarz, sondern schmutzig weiß.

Goldregenpfeifer

Pluvialis apricaria

AUSSEHEN: Rund 28 cm groß, Oberseite dunkelbraun mit goldgelber Fleckung, aus der Entfernung grünlich gelb wirkend; Gesicht und Unterseite im Prachtkleid meist durchgehend schwarz. **STIMME:** Ruf weich flötend »dlüh«, bei Erregung zweisilbig »tlü-i«; zur Balzzeit vielsilbige Strophen, etwa wie »tü-tü-diu-tü-diu-tüdiu«, im Singflug vorgetragen.
VORKOMMEN: Brutvogel Nordeuropas; im Frühjahr und Herbst bei uns vielfach Durchzügler, an Nord- und Ostseeküste oft in großen Scharen, im Binnenland in kleineren Trupps, auf Wiesen und Weiden nach Nahrung suchend.
NAHRUNG: Insekten, Spinnen, Beeren.
BRUT: 3–4 hellbraune, dunkel gefleckte Eier, in einer Mulde in der Bodenvegetation, von beiden Eltern bebrütet.

TYPISCH

Die recht geselligen Goldregenpfeifer kann man oft in einem Schwarm von Kiebitzen entdecken, von denen sie aber schon anhand ihrer Färbung gut zu unterscheiden sind.

Zwergtaucher

Tachybaptus ruficollis

AUSSEHEN: 25 – 29 cm großer, rundlich wirkender Wasservogel; im Sommer Hals kräftig rotbraun, am Schnabelwinkel ein leuchtend gelber Fleck; im Winter Gefieder unscheinbar graubraun.
STIMME: Kontaktrufe hell pfeifend »viit viit« und dünn »bi-ib«; zur Balzzeit lange, vibrierende Triller, oft von Männchen und Weibchen im Duett vorgetragen.
VORKOMMEN: Im Sommer auf dicht bewachsenen Teichen und kleineren Flüssen sowie in Verlandungszonen von Seen; im Winter oft auf freien Wasserflächen, sogar mitten in der Stadt.
NAHRUNG: Wasserinsekten, Schnecken, kleine Krebstiere und Kaulquappen.
BRUT: 2 – 3 Bruten im Jahr; Küken von beiden Eltern anfangs oft auf dem Rücken getragen und auch gefüttert.

TYPISCH

Fühlt sich der Zwergtaucher ungestört, plustert er sein helles Hinterteil auf, wodurch er besonders rundlich wirkt. Ist er beunruhigt, sinkt er oft bis zum Hals ins Wasser.

› Das Männchen unterscheidet sich vor allem durch den hellgrauen Kopf und Schwanz vom Weibchen.

Turmfalke

Falco tinnunculus

AUSSEHEN: Männchen 33 cm, Weibchen 39 cm groß; lange, schmale Flügel und langer Schwanz mit breiter schwarzer Endbinde; rotbraune Oberseite bei Weibchen und Jungvögeln stärker schwarz gebändert als beim Männchen.
STIMME: Helles »kikiki …«, am Brutplatz wimmerndes »wriiih«.
VORKOMMEN: In ganz Mitteleuropa, brütet in Feldgehölzen ebenso wie in alpinen Felswänden, Steinbrüchen oder Kirchtürmen, meidet große Waldgebiete; jagt stets in offenem Gelände; Jahresvogel.
NAHRUNG: Vor allem Mäuse, aber auch Eidechsen, Kleinvögel, große Insekten.
BRUT: 4–6 gelbliche, rotbraun gesprenkelte Eier, die ohne eigenes Nest in Felshöhlungen, Mauerlöcher oder alte Krähennester gelegt werden; Weibchen brütet allein, Partner bringt Beute.

TYPISCH

Turmfalken sieht man besonders häufig im Rüttelflug in der Luft stehen, wobei sie den Boden nach Beute absuchen.

> Jungvögel sind auf der Oberseite durch helle Federränder schuppig gezeichnet. Die orangebraunen »Hosen« der Altvögel fehlen noch.

Baumfalke

Falco subbuteo

AUSSEHEN: Männchen etwa 28 cm, Weibchen 35 cm groß; Rücken dunkel schiefergrau, Unterseite weißlich mit kräftiger Tropfenfleckung, orangebraune »Hosen«; im Flugbild sehr lange und schmale Flügel und ein relativ kurzer Schwanz.
STIMME: In der Brutzeit häufig ein schnelles »gjä gjä gjä ...«.
VORKOMMEN: Im mitteleuropäischen Tiefland verbreitet, doch nirgendwo häufig; in offenen Landschaften, vor allem Wiesen und Mooren, manchmal auch in Siedlungen; Zugvogel, überwintert in Afrika.
NAHRUNG: Fast ausschließlich Kleinvögel und fliegende Insekten, die der überaus wendige Jäger in der Luft fängt.
BRUT: 2–4 rotbraun gemusterte Eier, die in alte Nester von Krähen, Elstern oder anderen Vögeln gelegt und fast allein vom Weibchen bebrütet werden.

TYPISCH
Die kontrastreiche schwarz-weiße Gesichtszeichnung des Baumfalken unterscheidet ihn sicher vom Turmfalken.

Elster

Pica pica

AUSSEHEN: Ungefähr 45 cm großer, langschwänziger Singvogel mit schwarz-weißem Federkleid; schwarze Schwanz- und Flügelpartien mit intensivem blauem Metallglanz.
STIMME: Als Warnruf ein lautes, rau schäckerndes »schacka-schack-schack«; Gesang des Männchens verhalten schwatzend.
VORKOMMEN: In offenen Landschaften mit Feldgehölzen und Hecken, auch in Gärten, Parks und Friedhöfen mit hohen Bäumen, selbst mitten in Großstädten; in ganz Europa verbreitet, im Tiefland fast überall häufig; Jahresvogel.
NAHRUNG: Hauptsächlich Schnecken, Würmer, Großinsekten, Eier, Jungvögel, auch Aas, Früchte, Samen, Abfälle.
BRUT: Großes, haubenförmig überdachtes Reisignest in Baumkronen; Eier bläulich bis grünlich; nur Weibchen brütet.

TYPISCH

Der flatternde Flug der Elstern wirkt etwas unbeholfen. Am Boden laufen die Vögel mit einem typisch wackelnden Gang.

› Im Winter ernährt sich der Eichelhäher von Vorräten, die er im Herbst in Rindenspalten und im Boden versteckt hat.

Eichelhäher

Garrulus glandarius

AUSSEHEN: Etwa 35 cm groß, überwiegend blass rotbraun, Flügeldecken hellblau-schwarz gebändert, schwarze Bartstreifen.
STIMME: Bei Beunruhigung lautes, rätschendes »schrräh«; Gesang mit schwätzenden, schnalzenden und miauenden Lauten.
VORKOMMEN: In Laub- und Mischwäldern sowie in Parks und größeren Gärten mit altem Baumbestand; in Mitteleuropa das ganze Jahr über häufig anzutreffen.
NAHRUNG: Eicheln, Bucheckern, Haselnüsse und Insekten; im Frühjahr auch oft Eier und Nestlinge.
BRUT: Relativ kleines Reisignest, im dichten Gezweig von Bäumen oder großen Sträuchern versteckt; 4–6 blaugrüne bis olivbraune, bräunlich gefleckte Eier; beide Partner an Nestbau, Brutgeschäft und Jungenaufzucht beteiligt.

TYPISCH

Ein fliegender Eichelhäher sticht durch seinen schneeweißen Bürzel und durch weiße Flügelfelder bereits von weitem ins Auge.

Schleiereule

Tyto alba

AUSSEHEN: 33–39 cm große Eule; großer Kopf mit herzförmigem Gesichtsschleier, Oberseite goldbraun, mit mehr oder weniger Grau durchmischt, Brust und Bauch hell.

STIMME: Zur Brutzeit kreischende und schnarchende Laute; »Gesang« des Männchens ein heiseres, vibrierendes Fauchen.

VORKOMMEN: In Mitteleuropa nur gebietsweise häufiger; bei uns fast ausschließlich Kulturfolger und ganzjährig anzutreffen, vor allem am Rand von Dörfern; rein nachtaktiv.

NAHRUNG: In erster Linie Feldmäuse, daneben auch andere kleine Säugetiere, Kleinvögel, Frösche, große Insekten.

BRUT: Nest in Dachstühlen, Kirchtürmen, Scheunen und anderen Gebäuden; 1–3 Bruten im Jahr mit je 2–10 weißen Eiern, vom Weibchen allein bebrütet.

TYPISCH

Brust und Bauch der Schleiereule können sehr unterschiedlich gefärbt sein, von weiß über sandfarben bis goldbraun, mit oder ohne dunkle Tupfen.

Waldohreule

Asio otus

AUSSEHEN: 35–37 cm große Eule, durch ihr rindenfarbenes Federkleid auf Bäumen bestens getarnt; lange Federohren, auffallend orangefarbene Augen sowie ein scharf umgrenzter Gesichtsschleier.
STIMME: Der Reviergesang besteht aus leisen, monoton gereihten »huh«-Rufen.
VORKOMMEN: In offenem Gelände mit kleinen Baumgruppen, Feldgehölzen und lichten Wäldern; die Waldohreule meidet geschlossenen Wald; bei uns Jahresvogel, über den Winter zusätzlich oft Zuzügler aus skandinavischen Ländern.
NAHRUNG: In erster Linie Mäuse und Kleinvögel, die vorwiegend in offenem Gelände erjagt werden.
BRUT: 3–8 weiße Eier, die in ein altes Nest von Krähen, Elstern oder Greifvögeln gelegt werden. Das Weibchen übernimmt das Brüten allein, das Männchen versorgt die Partnerin mit Beute.

TYPISCH

Im Winter kann man Waldohreulen gelegentlich in Parks und Gärten, sogar mitten in der Stadt, entdecken. Sie ruhen dort tagsüber in den Bäumen.

› Vorzugsweise bewohnen Waldkäuze große Baumhöhlen, beziehen aber auch z. B. Krähennester, Felsnischen oder Mauerlöcher.

Waldkauz

Strix aluco

AUSSEHEN: Knapp 40 cm großer Kauz; Gefiedergrundfärbung rotbraun bis grau, an den Flügeln 2 Reihen weißer Tupfen.
STIMME: Als Reviergesang des Männchens ein tief klingendes »guuoh gu gurruuuh«, bereits ab Herbst zu hören; lautstarke »ku-witt«-Rufe stammen vor allem vom Weibchen.

TYPISCH
Der Waldkauz hat keine Federohren wie die kleinere Waldohreule (s. S. 97) und lässt sich auch durch seine schwarze Augenfarbe leicht von dieser unterscheiden.

VORKOMMEN: Vom Tiefland bis zu den Bergwäldern der Alpen häufig; in Laub- oder Mischwäldern, in Parks, Friedhöfen und Gärten mit alten Laubbäumen, sogar mitten in der Stadt; Jahresvogel.
NAHRUNG: Kleine Säugetiere, vor allem Mäuse, aber auch z. B. Vögel und Frösche.
BRUT: Nest meist in Baumhöhlen, aber ebenso in Krähennestern, Mauerlöchern oder auf Dachböden, gern auch in Nistkästen; 3–5 weiße Eier.

› Das Weibchen des Schwarzspechts trägt nur einen roten Fleck am Hinterkopf.

Schwarzspecht

Dryocopus martius

AUSSEHEN: Etwa 46 cm großer, schlanker Specht mit kohlschwarzem Gefieder und leuchtend roter Scheitelkappe, die beim Männchen vom Schnabelansatz bis zum Hinterkopf reicht.
STIMME: Flugruf ein weithin hörbares, vielsilbiges »krü-krü-krü…«, nach der Landung ein klagendes »kliööööh«; im Frühjahr gereihtes, schneller werdendes »kwi-kwi-kwi-kwi…«.
VORKOMMEN: In ausgedehnten Nadel- und Mischwäldern mit reichlich Altholz, gelegentlich auch in waldnahen Gärten zu beobachten; Standvogel.
NAHRUNG: Insekten, insbesondere Käferlarven und große Ameisen, die in vermoderndem Holz leben.
BRUT: Nesthöhle in Baumstämmen, von Männchen und Weibchen gemeinsam gezimmert; meist 3–5 weiße Eier.

TYPISCH
Die kräftigen Trommelwirbel, die dem Schwarzspecht im Frühjahr zur Reviermarkierung dienen, haben eine relativ langsame Schlagfrequenz.

› Östlich der Elbe ist die Nebelkrähe *(Corvus corone cornix)* verbreitet, die an Rücken, Nacken und Unterseite hellgrau gefärbt ist.

Rabenkrähe

Corvus corone corone

AUSSEHEN: Rund 47 cm große Krähe mit tiefschwarzem Gefieder; ihr Schnabel ist am Grund befiedert.
STIMME: Häufig laut krächzend »kräh« oder »wärrr«; Gesang einem bauchrednerischen Geplauder ähnlich, selten zu hören.
VORKOMMEN: Westlich der Elbe überall ganzjährig anzutreffen, in Kulturlandschaften, Parks, Dörfern und Städten, in Wäldern, Mooren, Heiden und an der Küste; außerhalb der Brutzeit meist in Trupps umherziehend.
NAHRUNG: Insekten, Würmer, Schnecken, Mäuse, Frösche, Eier, Jungvögel, Samen und Früchte, Aas und Abfälle.
BRUT: Großes, sehr stabiles Nest, meist hoch in Bäumen, manchmal auch in Felsnischen oder an Gebäuden; Eier hellblau bis türkis, bräunlich gefleckt.

TYPISCH

Der Schnabel der Rabenkrähe ist ein wenig länger und schlanker als der der Saatkrähe; das Ende des gefächerten Schwanzes ist gerade, nicht gerundet wie bei der Saatkrähe.

› Junge Saatkrähen haben noch ein voll befiedertes, schwarzes Gesicht.

Saatkrähe

Corvus frugilegus

AUSSEHEN: Etwa 47 cm groß, völlig schwarz gefiedert, aber mit blauem Metallglanz; Schnabelwurzel weißlich und unbefiedert. **STIMME:** Raue, tiefe »krah«- oder »korr«-Rufe, werden gewöhnlich nicht oder nur in größeren Abständen wiederholt; Gesang schwätzend, mit krächzenden und hell metallischen Tönen. **VORKOMMEN:** In offenen Kulturlandschaften mit Feldgehölzen, im Winter häufig in Parks und Städten; dann finden sich auch zahlreiche Zuwanderer aus östlichen Brutgebieten bei uns ein. **NAHRUNG:** Insekten, Larven, Würmer, Schnecken, Mäuse, ebenso Samen und andere Pflanzenteile, Nahrungsabfälle. **BRUT:** Große Reisignester in Kolonien, meist hoch in Bäumen; 3–5 bläuliche Eier mit brauner Fleckenzeichnung.

TYPISCH

Saatkrähen sammeln sich im Winter allabendlich an gemeinsamen Schlafplätzen. Schon nachmittags fliegen sie in großen Schwärmen von allen Seiten darauf zu.

Schellente

Bucephala clangula

AUSSEHEN: Etwa 45 cm große Tauchente; Erpel im Prachtkleid schwarz-weiß mit einem auffälligen weißen, runden Wangenfleck, im Schlichtkleid dem Weibchen (links im Bild) ähnlich.
STIMME: Die Männchen rufen bei der Balz quäkend »quiiirr-ik«, wobei sie den Kopf weit in den Nacken legen. Weibchen lassen im Flug oft ein knarrendes »quarr quarr« hören.
VORKOMMEN: Brutvogel auf nordeuropäischen Binnengewässern, hierzulande nur in Schleswig-Holstein und Bayern; in Mitteleuropa aber sehr häufiger Wintergast, an der Küste ebenso wie auf Binnengewässern.
NAHRUNG: Hauptsächlich Kleintiere wie Insektenlarven, Schnecken und Krebse.
BRUT: Nest in gewässernahen Spechthöhlen, auch gern in Nistkästen; 6–11 grünliche Eier, vom Weibchen bebrütet.

TYPISCH
Schellenten fliegen mit sehr schnellen Flügelschlägen. Dabei entsteht ein charakteristisches pfeifendes Fluggeräusch.

› Bei dem überwiegend dunkelbraun gefärbten Weibchen ist der Nackenschopf allenfalls angedeutet.

Reiherente

Aythya fuligula

AUSSEHEN: 40–47 cm große, gedrungene Tauchente; Männchen auffällig schwarz-weiß, mit einem lang herabhängenden, metallisch schimmernden Nackenschopf.

STIMME: Erpel bei der Balz dünn pfeifend, Weibchen rufen hart und schnarrend »ärr ärr ärr«; in der übrigen Zeit kaum zu hören.

VORKOMMEN: An größeren Seen und Stauseen, als Brutvogel hierzulande aber weitgehend auf Bayern und Schleswig-Holstein beschränkt; im Winter als Durchzügler und Wintergäste in Mitteleuropa oft zahlreich auf stehenden und fließenden Gewässern aller Art, auch auf Parkseen in Städten.

NAHRUNG: Vor allem Schnecken, kleine Krebstiere und Insektenlarven.

BRUT: Nest gut versteckt in der Ufervegetation; 8–11 blass graugrüne Eier.

TYPISCH

Viele, allerdings nicht alle Weibchen bei der Reiherente haben rings um den Schnabelgrund einen mehr oder weniger breiten, weißen Fleck.

› Ein weißer Augenring mit einem nach hinten ziehenden Streif gibt dem Gesicht des Weibchens ein markantes Aussehen.

Mandarinente

Aix galericulata

AUSSEHEN: 41–49 cm große Gründelente; Männchen im farbenfreudigen Prachtkleid mit langen Schmuckfedern am Kopf und segelartig aufgestellten, orangefarbenen Flügelfedern.
STIMME: Im Flug lässt der Erpel ein pfeifendes »wrrik« hören; das Weibchen ruft scharf und bellend »köw«.
VORKOMMEN: Ursprünglich aus Ostasien, in Europa als Parkvogel eingebürgert; heute bei uns nach wie vor überwiegend in Parkanlagen, lokal aber auch verwildert und frei brütend, vor allem an Waldseen und Flüssen mit dichtem Uferbewuchs.
NAHRUNG: Überwiegend Samen und Baumfrüchte, z. B. Eicheln und Nüsse, auch Würmer, Schnecken und Insekten.
BRUT: 7–12 weiße Eier, die ohne Nestunterlage in Baumhöhlen gelegt werden; Brut allein durch das Weibchen.

TYPISCH

Im Schlichtkleid sieht das Männchen dem Weibchen sehr ähnlich, hat aber statt eines braunen einen kräftig roten Schnabel.

› Beim überwiegend bräunlichen Weibchen ist die graue Schnabelbinde sehr schmal oder überhaupt nur leicht angedeutet.

Tafelente

Aythya ferina

AUSSEHEN: Etwa 45 cm große Tauchente; Männchen mit rotbraunem Kopf, schwarzer Brust, silbergrauem Rumpf und breiter, hellgrauer Schnabelbinde; im Schlichtkleid kontrastärmer.
STIMME: Das Weibchen ruft rau schnarrend »charr charr«, der Balzruf des Erpels lässt sich etwa mit »uiwijerr« umschreiben.
VORKOMMEN: Früher als Brutvogel nur östlich der Elbe, seit einigen Jahrzehnten auch in Westdeutschland; zur Brutzeit hauptsächlich auf großen, schilfumstandenen Flachseen, sonst auf Gewässern aller Art, auch auf Parkseen mitten in der Stadt; im Herbst zusätzlich Durchzügler und Wintergäste aus dem Norden bei uns.
NAHRUNG: Wasserpflanzen, Samen, Insektenlarven, Würmer und Schnecken.
BRUT: Flaches Nest, gut in der Ufervegetation versteckt; Eier blass graugrün.

TYPISCH
Der schnelle Flug der Tafelenten ist mit einem deutlich vernehmbaren, pfeifenden Schwingengeräusch verbunden.

Blässhuhn

Fulica atra

AUSSEHEN: Etwa 37 cm großer Wasservogel mit einheitlich schwarzem Gefieder und leuchtend weißem Stirnschild über dem ebenso weißen Schnabel als kennzeichnendes Merkmal.
STIMME: Die Weibchen rufen laut bellend »köw«, die Männchen hingegen kurz und hart »pix« oder auch stimmlos »pt«.
VORKOMMEN: Ganzjährig auf Seen, Weihern und langsam fließenden Flüssen, auf Teichen und Parkgewässern, selbst mitten in der Stadt.
NAHRUNG: Wasserpflanzen, Schilfschösslinge, Gras, Insekten, Schnecken, in der Stadt auch Brot und Abfälle.
BRUT: Großes, flaches Schilfnest, meist im seichten Wasser in der Ufervegetation; 5–10 weißliche, fein rotbraun gepunktete Eier; Männchen und Weibchen wechseln sich beim Brüten ab.

TYPISCH

Beim Start vom Wasser nehmen Blässhühner flügelschlagend und laut mit den Füßen patschend Anlauf. Platschendes Wassertreten ist auch Drohgebärde.

› Im Jugendkleid sind Teichhühner einfarbig braun und haben noch einen olivbraunen Schnabel.

Teichhuhn

Gallinula chloropus

AUSSEHEN: Etwa 35 cm großer, dunkler Wasservogel; roter Schnabel mit gelber Spitze, rotes Stirnschild, schneeweißer Unterschwanz, Füße gelbgrün mit sehr langen Zehen.
STIMME: Scharfes »kürrk« oder »kirrek«; in der Balzzeit vor allem nachts ausdauerndes »kreck kreck kreck …«.
VORKOMMEN: An Seen, Teichen und langsam fließenden Flüssen mit üppiger Ufervegetation, aber auch an Dorf- und Parkteichen, selbst mitten in der Stadt; Jahresvogel.
NAHRUNG: Sumpf- und Wasserpflanzen, Samen, Insekten, Würmer, Schnecken.
BRUT: Schilfnest, gut versteckt in der Ufervegetation; 1–3 Bruten im Jahr, jeweils 5–10 rahmweiße, dunkelbraun gepunktete Eier; beide Elternvögel brüten und betreuen dann die Jungen.

TYPISCH
Beim Schwimmen nicken Teichhühner ständig mit dem Kopf und zeigen durch häufiges Schwanzzucken ihre schneeweiße Schwanzunterseite.

› Im Winterhalbjahr hat die Lachmöwe nur einen dunklen Ohrfleck am ansonsten weißen Kopf.

Lachmöwe

Larus ridibundus

AUSSEHEN: 38–44 cm groß; im Prachtkleid mit schokoladenbrauner Kapuze, die den Nacken frei lässt, Schnabel und Beine rot.
STIMME: Raues, aggressiv klingendes »kwerrr« und »kriääh«; beim Streit um Futter oft helles, abgehacktes »ke ke ke«.
VORKOMMEN: Am weitesten verbreitete Möwe Europas, im Binnenland zudem die häufigste; brütet an Seeufern und auf kleinen Inseln in Seen, außerhalb der Brutzeit an Gewässern aller Art, im Winter auch häufig mitten in Städten, in Parkanlagen und auf Müllkippen.
NAHRUNG: Wasserinsekten sowie kleine Fische, Würmer, Aas, Nahrungsabfälle.
BRUT: Nester in Kolonien auf Pflanzeninseln im Wasser; Eier farblich sehr variabel, stets dunkel gefleckt; Weibchen und Männchen brüten abwechselnd.

TYPISCH
Im ersten Lebensjahr sind Lachmöwen an Oberkopf, Rücken und Flügeln noch hellbraun. Häufig lassen sie in diesem Alter ein hohes »pieeeh« ertönen.

> Im Winterkleid tragen Sturmmöwen auf Kopf und Nacken eine zarte, graubraune Fleckenzeichnung.

Sturmmöwe

Larus canus

AUSSEHEN: 38–44 cm groß; Rücken und Flügeloberseiten silbergrau, Flügelspitzen schwarz mit leuchtend weißen Flecken. **STIMME:** Hoch und schrill »gijü gijü«, »kjau« oder »ä-ä-äiiä«. **VORKOMMEN:** Brütet in Mitteleuropa an den Meeresküsten, besonders an der Ostsee, vereinzelt aber auch im Landesinneren bis hin zum Alpenrand; im Winterhalbjahr auch im Binnenland, oft zusammen mit Lachmöwen; folgt auf Feldern gern dem Pflug.
NAHRUNG: Insekten, Weichtiere, kleine Fische, Mäuse, Aas, auch Abfälle.
BRUT: Nest auf festem Grund in unmittelbarer Wassernähe, sei es in niedriger Vegetation oder auf blankem Fels; Eier in der Farbe sehr variabel, aber stets mit dunklen Flecken; beide Partner am Brüten und der Jungenaufzucht beteiligt.

TYPISCH
Der Schnabel der Sturmmöwe ist ebenso wie die Beine gelbgrün gefärbt. Im Gegensatz zu der Silbermöwe (s. S. 116) hat er keinen roten Fleck.

› Jungvögel haben auf der Brust anstatt der für Altvögel typischen Querbänderung noch ein dunkelbraunes Tropfenmuster.

Habicht

Accipiter gentilis

AUSSEHEN: Weibchen bis zu 60 cm groß, Männchen rund ein Drittel kleiner; beide graubraun, Brust und Bauch mit enger Querbänderung, Schwanz schmal, Flügel im Flugbild gerundet.
STIMME: Als Ruf ein helles, gezogenes »hiiiäh«, oft auch schnelle Tonreihen wie »gjägjägjä…« oder ein kurzes »jük«.
VORKOMMEN: In beinahe ganz Europa verbreitet, meist in ungestörtem, lockerem Nadel- und Mischwald, gelegentlich aber auch in Stadtrandbereichen mit hohem Baumbestand; Jahresvogel.
NAHRUNG: Vor allem Vögel und Säugetiere, von Maus- bis zu Hasengröße.
BRUT: Horst im Kronenbereich hoher Bäume, meist am Waldrand oder an einer Lichtung; 2–5 rein weiße Eier, vom Weibchen allein bebrütet, während das Männchen Beute herbeibringt.

TYPISCH

Habichte sieht man nur im Frühjahr kreisen. Beim Balzflug vollführen beide Partner rasante Sturzflüge aus großer Höhe.

› Der recht ähnliche Wespenbussard *(Pernis apivorus)* hat einen etwas kleineren Kopf und längeren Schwanz.

Mäusebussard

Buteo buteo

AUSSEHEN: 50–55 cm groß, Flügelspannweite rund 1,20 m; oberseits meist fast einfarbig braun, auf der Unterseite sehr verschieden stark gemustert; im Flugbild breite Flügel und relativ kurzer, oft breit gefächerter Schwanz.
STIMME: Hohes, miauendes »hiääh«, ganzjährig oft zu hören.
VORKOMMEN: Hierzulande neben dem Turmfalken (s. S. 92) die verbreitetste und zugleich häufigste Greifvogelart; meist in offenem Kulturland über Feldern und Wiesen kreisend; Neststandort hingegen am Waldrand; Teilzieher.
NAHRUNG: Kleine, am Boden lebende Tiere bis zur Größe junger Kaninchen, in erster Linie Feldmäuse; auch Aas.
BRUT: Horst hoch in Bäumen; 2–3 dunkel gefleckte Eier; vorwiegend brütet Weibchen, Partner schafft Beute herbei.

TYPISCH
Im Flugbild zeigt der Mäusebussard breite Flügel und einen relativ kurzen Schwanz, der oft sehr breit auseinander gefächert wird.

› Das braune, oberseits stark gefleckte Gefieder der Henne gibt ein hervorragendes Tarnkleid ab.

Fasan

Phasianus colchicus

AUSSEHEN: Hahn einschließlich des langen, spitz auslaufenden Schwanzes bis 90 cm groß, meist kupferrot mit dunkelgrünem, schillerndem Kopf und roten Hautlappen im Gesicht, manche mit weißem Halsring; Henne kleiner, mit kürzerem Schwanz. **STIMME:** Revierruf ein blökendes »köökock«; Alarmruf des Hahns ein heiseres Krächzen, der Henne ein scharfes »zik-zik«.

TYPISCH

Dem Revierruf des Fasanhahns folgt meist ein deutlich vernehmbares Flügelschlagen. Gern besiedeln Fasane Felder, die an Auwälder grenzen.

VORKOMMEN: Aus Südostasien stammend, in Europa einst als Jagdwild eingebürgert; heute in Kulturlandschaften mit Feldern und kleinen Gehölzen verbreitet, vielerorts häufig; Jahresvogel. **NAHRUNG:** Grüne Pflanzenteile, Samen, Beeren, Getreide und Feldfrüchte. **BRUT:** Bodennest, gut in der Vegetation versteckt; 8–12 einfarbig olivbraune Eier; Henne allein brütend.

Stundenlang sitzen Kormorane mit ausgebreiteten Flügeln an einer luftigen Stelle, um ihr durchnässtes Gefieder zu trocknen.

Kormoran

Phalacrocorax carbo

AUSSEHEN: 80 – 100 cm großer, schlanker Wasservogel, Gefieder größtenteils schwarz; im Prachtkleid beide Geschlechter mit metallischem Schimmer, an Kopf und Hals mehr oder weniger viel Weiß und am Schenkelansatz einem großen weißen Fleck.
STIMME: Raues »chro-chro-chro« oder »kra-o« an Brutplätzen.
VORKOMMEN: An Meeresküsten ebenso wie an fischreichen Seen und Flüssen; an mitteleuropäischen Binnengewässern in den letzten Jahrzehnten gebietsweise Zunahme, sowohl als Brutvögel wie auch als Durchzügler und Wintergäste.
NAHRUNG: Hauptsächlich Fische.
BRUT: Reisignester in Kolonien auf hohen Bäumen, an Felsküsten auf Klippen; 3 – 4 hellblaue Eier mit kalkigem, weißem Überzug; Nestbau, Brut und Aufzucht durch beide Elternvögel.

TYPISCH
Beim Schwimmen liegt der Kormoran sehr tief im Wasser, den Kopf und Schnabel hält er dabei meist schräg nach oben.

› Der Kranich *(Grus grus)* ist deutlich größer als der Graureiher und hat einen kürzeren Schnabel sowie einen roten Scheitel.

Graureiher

Ardea cinerea

AUSSEHEN: 90 – 98 cm großer, vorwiegend grauer Reiher mit langem, gelbem Schnabel und breitem, schwarzem Überaugenstreif sowie langen, dünnen Schmuckfedern am Hinterkopf.
STIMME: Laute, rau krächzende Rufe wie »chrääk« oder »kraak«; beim Auffliegen oft ein kurzes, zweisilbiges »krä-ik«.
VORKOMMEN: An Gewässern mit vegetationsreichen Ufern, in Sümpfen und auf Feuchtwiesen; Brutkolonien oft auch weitab vom Wasser im Wald; Jahresvogel.
NAHRUNG: Überwiegend Fische, aber auch Frösche, Molche, Mäuse, Insekten.
BRUT: Große Reisignester in Kolonien, zumeist auf hohen Bäumen, manchmal auch im Schilf, die oft jahrelang benutzt werden; 3 – 5 blass grünliche Eier; Nestbau, Brut und Jungenaufzucht betreiben beide Partner zusammen.

TYPISCH

Ein fliegender Graureiher hält seinen Hals s-förmig eingezogen, während seine langen Beine nach hinten ausgestreckt sind.

› Der sehr scheue Schwarzstorch *(Ciconia nigra)* brütet in unberührten Wäldern. Beim Segeln zeigt er seinen weißen Bauch.

Weißstorch

Ciconia ciconia

AUSSEHEN: Gut 1 m großer Stelzvogel, Flügelspannweite etwa 2 m; Schwungfedern schwarz, Gefieder ansonsten schneeweiß; Schnabel und Beine leuchtend rot, bei Jungstörchen noch braun.
STIMME: Weißstörche rufen nicht, sie lassen stattdessen das allbekannte Schnabelklappern ertönen.
VORKOMMEN: In Kulturlandschaften mit Wiesen und Feuchtgebieten; in Mitteleuropa nur noch regional in größerer Zahl; Zugvogel, überwintert in Afrika.
NAHRUNG: Kleintiere aller Art, die am Boden oder im flachen Wasser erbeutet werden, z. B. Mäuse, Frösche, Fische.
BRUT: Großes Reisignest, oft auf Dachfirsten, Schornsteinen oder Strommasten, aber auch auf Bäumen; 3 – 5 weiße Eier; beide Partner brüten abwechselnd.

TYPISCH

Im Flug streckt der Weißstorch den Hals lang aus. Von einem fliegenden Schwan unterscheiden ihn die schwarzweißen Schwingen und die langen, nach hinten gestreckten Beine.

Silbermöwe

Larus argentatus

AUSSEHEN: 55 – 67 cm große Möwe; im Prachtkleid schneeweiß mit silbergrauen Flügeldecken und schwarzweißen Flügelspitzen, im Schlichtkleid Kopf grau gestreift; Füße fleischfarben. **STIMME:** Vielfach aneinander gereihtes, jaulendes oder miauendes »kjau-kjau« oder eher jauchzendes »kija kija kija kijau«. **VORKOMMEN:** An allen mitteleuropäischen Küsten, ebenso an küstennahen Gewässern, nicht selten auch an großen Seen und Flüssen weiter im Binnenland; im Winter oft in Fischereihäfen, im Binnenland bei Schlachthöfen und Mülldeponien. **NAHRUNG:** Fische und andere Meerestiere, Eier, Vogeljunge, Aas, Abfälle. **BRUT:** Nest am Boden, spärlich mit Pflanzenmaterial ausgelegt; 2 – 3 grünliche, dunkel gefleckte Eier; Brüten und Jungenaufzucht durch beide Partner.

TYPISCH

Im Unterschied zur kleineren Sturmmöwe (s. S. 109) weist der gelbe Schnabel der Silbermöwe vorn einen roten Fleck auf.

Höckerschwan

Cygnus olor

TYPISCH

Im Flug streckt der Höckerschwan den Hals weit nach vorn aus. Seine breiten Schwingen erzeugen ein pfeifendes Geräusch.

AUSSEHEN: Mit ausgestrecktem Hals 1,45 – 1,60 m lang, Flügelspannweite 2 m; schneeweißes Gefieder; Schnabel orangerot, darüber ein fleischiger, schwarzer, namengebender Höcker; Jungvögel graubraun, Schnabel ohne Höcker.

STIMME: Im Allgemeinen stumm, nur zur Brutzeit schnarchende Rufe, bei Bedrohung lautes, aggressives Fauchen.

VORKOMMEN: Ursprünglich nur in Nord- und Osteuropa, in den letzten Jahrhunderten in Mitteleuropa vielerorts als Parkvogel eingebürgert; heute fast überall und ganzjährig verwilderte Abkömmlinge dieser »Ziervögel« auf den Seen und Flüssen.

NAHRUNG: Vor allem Wasser- und Uferpflanzen, in Parks Brot.

BRUT: Nest ein großer Haufen aus Schilf und Uferpflanzen, meist nahe am Wasser; 5 – 7 graugrüne bis bräunliche Eier. Das Weibchen bebrütet das Gelege allein; die Jungen sind Nestflüchter.

Stockente

Anas platyrhynchos

AUSSEHEN: 55–60 cm große Gründelente; Erpel mit glänzend grünem Kopf und weißem Halsring; Weibchen braun gefleckt; beide Geschlechter mit blauviolettem Flügelspiegel.
STIMME: Männchen rufen heiser »räb räb«, Weibchen lauthals quakend »waaak-wak-wak-wak ...«.
VORKOMMEN: In ganz Europa die verbreitetste und häufigste Ente, von der Küste bis ins Gebirge, in naturnahen Bereichen ebenso wie in der Großstadt, an stehenden Gewässern aller Art ebenso wie an langsam fließenden; Jahresvogel.
NAHRUNG: Vorwiegend Wasserpflanzen sowie kleine Wassertiere und Insekten.
BRUT: Bodennest, gewöhnlich nahe am Wasser, gelegentlich auch weitab davon; 7–11, selten bis 15 grünliche Eier.

TYPISCH
Im braun gefleckten Schlichtkleid (Juni bis September) unterscheidet sich das Männchen vor allem durch seinen einfarbig gelben Schnabel vom Weibchen, dessen Schnabel bräunlich ist.

Kolbenente

Netta rufina

AUSSEHEN: Ungefähr 55 cm große Tauchente; Erpel mit dickem, im Prachtkleid fuchsrotem Kopf und lackrotem Schnabel, im Schlichtkleid ähnlich dem braunen, hellwangigen Weibchen. **STIMME:** Erpel ruft bei Erregung rau »bät«, zur Balzzeit zweisilbig »bä-ix«, Weibchen knarrend »körrrr«, im Flug »wa-wa-wa«. **VORKOMMEN:** Asiatische Art, in Mitteleuropa nur in kleinen Brutvorkommen, etwa in Bayern, Schleswig-Holstein und Mecklenburg-Vorpommern; in flachen Seen und Teichen mit üppiger Ufervegetation; bei uns Zugvogel, überwintert im Mittelmeerraum. **NAHRUNG:** Vor allem Wasserpflanzen, gelegentlich auch kleine Wassertiere. **BRUT:** Nestmulde nah am Wasser, in der Vegetation versteckt; Eier gelblich grau.

TYPISCH

Beide Geschlechter zeigen im Flug einen auffallend breiten weißen Flügelstreif. Der leuchtend rote Schnabel des Männchens unterscheidet außerhalb der Brutzeit die Geschlechter.

Graugans

Anser anser

AUSSEHEN: Mit 75–90 cm etwa so groß wie eine Hausgans, aber weniger plump; Gefieder graubraun, Beine fleischfarben.
STIMME: Ruf wie bei Hausgänsen ein nasales »ga-gang-gang«, im Flug häufig ein gedehntes »aahng-ong-ong«.
VORKOMMEN: Ursprünglich ein Brutvogel aus Nord- und Osteuropa, in Mitteleuropa vielerorts als halbzahmer Parkvogel ausgesetzt; verwilderte Tiere mittlerweile auch an vielen großen Seen mit verschilften Uferzonen brütend; in Parks oft in großen Scharen.
NAHRUNG: Überwiegend Gräser und Kräuter, seltener auch Wasserpflanzen.
BRUT: Nest groß, an unzugänglichen Uferstellen; 4–8 weiße Eier. Brüten ist allein Angelegenheit des Weibchens, an der Betreuung der nestflüchtenden Jungen beteiligt sich auch das Männchen.

TYPISCH

Die Graugans lebt bei uns in zwei Unterarten: Die östliche hat einen fleischfarbenen Schnabel, die westliche einen orangegelben.

Kanadagans

Branta canadensis

AUSSEHEN: 90–110 cm groß, Gefieder oberseits braun, unterseits hell, Hals und Kopf schwarz, weißer Wangenfleck.
STIMME: Flugrufe nasal trompetend wie »ga-hong«, wobei die zweite Silbe höher ist; im Sitzen nur kurzes »honk«.
VORKOMMEN: Beheimatet in Nordamerika, in Deutschland und einigen anderen Ländern Mitteleuropas als Ziervogel eingeführt; heute ganzjährig auf Gewässern in Parkanlagen, selbst mitten in Großstädten, aber auch an Seen, Kiesgruben, Fisch- und Dorfteichen.
NAHRUNG: Gräser und Kräuter, Wurzeln, Sämereien, Wasserpflanzen; in Parks oft Brot aus Fütterungen.
BRUT: Großes, flaches Nest aus Pflanzenteilen, in Strauchwerk verborgen am Ufer, häufig auch auf einer kleinen Insel; 5–6 gelblich weiße Eier, die vom Weibchen allein bebrütet werden.

TYPISCH
In Parkanlagen kommt es nicht selten zu Paarungen zwischen Kanada- und Graugänsen. Die Mischlinge zeigen dann die Merkmale beider Elternarten.

› Junge Singdrossel

› Nest des Zilpzalps

Nachwuchs im Vogelnest

Häufig genügt ein Blick auf die Eier, um festzustellen, von welcher Vogelart das Gelege stammt. Größe und Form, Farbe und Musterung der Eier sind nämlich von Art zu Art unterschiedlich.

Auch die Nester verraten oft ihren Eigentümer, denn wo, woraus und in welcher Form das Nest gebaut wird, ist typisch für jede Vogelart. Nicht zuletzt unterscheiden sich die frisch geschlüpften Jungen. Während Nestflüchter wie Enten, Hühner- oder Watvögel das Nest nach wenigen Stunden verlassen, müssen Nesthocker, z. B. Tauben und Singvögel, noch tagelang von den Eltern gefüttert und gewärmt werden.

› Gelege des Gelbspötters

› Gelege der Singdrossel

› Hungrig sperrende Jungen der Goldammer

› Rauchschwalben im Nest

› Nest des Zaunkönigs

› Gelege der Stockente

› Gelege der Amsel

Register der Vogelarten

Register der Vogelarten

A–Z

Bildnachweis und Impressum

Titelbild: Blaumeise; Umschlag innen: Gartengrasmücke, Bergfink, Eichelhäher, Gartenbaumläufer (von oben nach unten); Seite 2/3: Blaumeise, Buntspecht, Dohle; Eichelhäher, Habicht (jeweils von oben nach unten); Seite 10/11: Grauschnäpper; Rückseite: Gartenrotschwanz (li.), Sommergoldhähnchen (re.)

Die Fotografen

Angermayer: 114 li., (Reinhard) 65 li., (Schmidt) 17 li., 56 re., 123 mi.li.; Danegger: 4, 7 o.re., 8, 12 re., 15 li., 22 re., 36 re., 69 re., 71, 85 re., 91, 96, 99 li., 100 re., 103 li., 105 li., 108 li., 117, 119; Diedrich: U2 li.o., 12 li., 19 re., 41 li., 83 re., 93 re.; Fürst: 45, 50 li., 59 re.; Limbrunner: U2 li.u., 16 li., 18 li., 19 li., 30 li., 39 re., 43 re., 53 li., 55, 58, 61, 62 li., 64 li., 79 re., 84, 86 re., 88 li., 89 re., 98 li., 100 li., 101 re., 102, 103 re., 104 re., 107 re., 109 re., 113 li., 115, 122 o., mi., u.li., 123 mi.re.; Partsch: 13, 15 re., 18 re., 121; Pforr: U1, 6, 56 li.; Pregler: 2 o.; Reinhard: U2 re.o.; Schulze: U2 re.u., 14 li., 33 li., 41 re., 46, 52 li., 57 li., 62 re., 65 re., 66 re., 68 re., 76 li., 81, 86 li., 99 re., 108 re., 120, 123 o., 123 u.li.; Singer: 104 li., 106; Wendl: 2 mi., 3 u., 7 o.li., 9, 10/11, 21, 26, 28 re., 30 re., 31, 32 re., 35 li., 38, 39 li., 40, 44, 48, 49, 51 li., 52 re., 54 li., 59 li., 60 re., 66 li., 67, 68 li., 69 li., 72 re., 73, 74, 78 re., 79 li., 80 re., 82, 87, 88 re., 92, 94, 95 li., 97, 110 re., 111 re., 114 re., U4 li.; Wothe: 20, 25, 27 re., 34, 43 li., 60 li., 64 re., 98 re., 105 re., 107 li., 110 li., U4 re.; Zeininger: 2 u., 3 o., 7 u., 14 re., 16 re., 17 re., 22 li., 23, 24, 27 li., 28 li., 29, 32 li., 33 re., 35 re., 36 li., 37, 42, 47, 50 re., 51 re., 53 re., 54 re., 57 re., 63, 70, 72 li., 75, 76 re., 77, 78 li., 80 li., 83 li., 85 li., 89 li., 90, 93 li., 95 re., 101 li., 109 li., 111 li., 112, 113 re., 116, 118, 122 u.re., 123 u.re.

Wichtiger Hinweis

Die Daten und Fakten dieses Ratgebers wurden mit äußerster Sorgfalt recherchiert und geprüft. Dennoch kann eine Garantie nicht übernommen werden. Eine Haftung des Verlages für Personen-, Sach- und Vermögensschäden ist ausgeschlossen.

Redaktionsleitung: Anita Zellner
Text und Redaktion:
Dr. Helga Hofmann
Umschlaggestaltung:
independent Medien-Design
Layout: H. Bornemann Design
Zeichnungen: Johann Brandstetter
Satz: Filmsatz Schröter, München
Produktion: Petra Roth
Repro: Penta, München
Druck und Bindung:
Auer, Donauwörth
Printed in Germany
ISBN 3-7742-5669-1

Auflage	5.	4.	3.
Jahr	2006	05	04

GRÄFE UND UNZER

Ein Unternehmen der
GANSKE VERLAGSGRUPPE